혼돈의
물리학

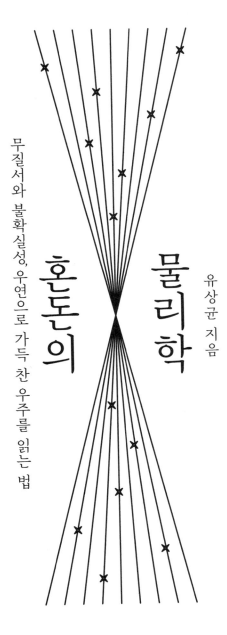

무질서와 불확실성, 우연으로 가득 찬 우주를 읽는 법

혼돈의

물리학

유상균 지음

플루토

# 복잡계 과학에 기초한 자연과학적 지식의 통섭을
# 맑스와 민주주의로 연결하는 지식 순환의 성취!

**심광현** | 전 한국종합예술학교 영상이론과 교수, 미학·문화연구·역사지리-인지생태학

이 책의 제목은 《혼돈의 물리학》이지만 단지 '물리학'에 한정된 책이 아니다. 물리학의 다채로운 역사를 통사적으로 묶은 저자의 전작 《시민의 물리학》(2018)과는 달리 '무질서와 혼돈, 우연이 질서와 규칙, 필연과 만나 형성되는 세계'라는 하나의 주제로 수학, 물리학, 생물학, 진화론의 다양한 성과들을 일목요연하게 꿰어내고 있기 때문이다. 한마디로 '자연과학적 지식의 통섭'을 보여주는 책이다.

그러나 '통섭$^{consilience}$'의 중요성을 알린 에드워드 윌슨의 《통섭: 지식의 대통합》(1998)이 사회생물학에 기초한 것과 달리 이 책은 현대 과학의 새로운 패러다임인 '복잡계 과학'에 기초한다. 또 책의 후반부에서 복잡계 과학과 동양 사상을 연결한다는 점에서도 다르다. 물론 현대 과학과 동양 사상의 비교는 프리초프 카프라의 《현대물리학과 동양 사상》(1975) 이래 국내외적으로 다양하게 이어져왔다. 그런데 유상균의 비교 작업은 복잡계 과학을 유불선 철학과 비교하는 데서 머물지 않는다. 그 핵심을 다시 동학의 '시천주$^{侍天主}$ 사상'으로 '수렴'시키

기 때문이다. 저자는 "인간뿐 아니라 모든 생명체를 '하늘님'으로 모시는" 시천주 사상은 "복잡계적·온생명적 사상의 극치"라고 부른다.

저자가 명시적으로 말하지 않지만, 이런 비교는 '가장 과학적인 것은 풀뿌리 – 민중적이고, 가장 풀뿌리 – 민중적인 것은 과학적'이라는 '도발적인' 생각이 들게 한다. 전작 《시민의 물리학》도 이런 생각을 촉발했던 것 같다. 그런데 이번 책의 4장은 특이한 구성을 통해 이 생각의 타당성을 과학적-철학적으로 입증해준다. 다섯 개 장에 분산되어 있는 두 가지 과학의 계열이 4장에서 '데모크리토스의 계보 대 에피쿠로스의 계보'로 집약되고 있기 때문이다.

첫 번째 계열인 '유리수 – 유클리드기하학 – 결정론적 물리학·상대성이론 – 근대적 단순성의 과학'은 '데모크리토스 – 아이작 뉴턴 – 애덤 스미스의 계보'로 집약된다. 두 번째 계열인 '무리수 – 카오스 이론·프랙털 기하학 – 양자역학·통계역학 – 현대적 복잡계 과학'은 '에피쿠로스 – 카를 맑스 – 루이 알튀세르의 계보'로 집약된다. 1841년 박사 학위논문에서 데모크리토스의 기계적 유물론과 에피쿠로스의 우발적 유물론의 차이를 2,000년 만에 처음으로 체계적으로 규명한 맑스에 따르면 전자는 뉴턴의 경우처럼 '신'을 필요로 하는 유물론이다 (이런 기계적 유물론은 평일에는 실험실에서 과학기술 연구에 몰두하지만 주말에는 교회에서 신을 찬양하는 상당수의 현대 과학기술자들에게도 그대로 이어지고 있다).

반면 후자에서는 원자들의 우연한 '편위'가 우발적 마주침을 통해 자기 조직하는 자연의 무한한 생성과 변화를 촉진하기에 신이 필요 없다. 후자에 기초해 역사유물론의 관점을 세우고, 자본주의의 역사적

추천사

5

생성과 소멸의 필연성을 논증한 맑스는 신이라는 창조주 없이 선택과 변이를 통해 진화하는 자연사적 과정을 해명한 찰스 다윈의 진화론 역시 자신의 사상과 합치한다고 보았다. 저자는 맑스의 사상을 21세기의 복잡계 과학의 언어를 통해 수정, 보완한다면 자본주의의 모순에서 발생한 오늘의 전 지구적 위기를 넘어설 수 있지 않을까 전망한다.

물리학자가 '에피쿠로스 – 맑스 – 복잡계 과학의 연결망'을 제안하는 것은 결코 흔치 않은 일이다. 이를 평생의 연구 주제로 삼아온 필자로서는 반가운 일이 아닐 수 없다. 이 주제와 밀접해야 할 비판적·진보적 사회과학자와 인문학자들은 막상 이 주제와 항상 거리를 두어왔기 때문이다. 이런 거리감은 자연과학의 복잡한 발전 과정을 공부해야 하는 상당한 부담에서 비롯된다. 그러나 자연과학자가 맑스(주의)를 연구하려면 외려 그보다 더한 (학문적+정치적) 부담이 있을 수 있기에 저자의 이런 제안은 정말 괄목할 만한 일이다. 나아가 이 제안은 5~6장에서 다루는 생명철학과 생태학, 진화론과 다시 연결된다.

저자는 맑스의 생태주의에 함축된 "자유로운 개인들의 연합이라는 바람직한 모습"이 "엘리트에 저항한 에피쿠로스가 남녀를 불문하고 자신의 정원에 받아들이고 민중 속에서 행복을 추구하던 모습과 다르지 않다"라고 말한다. 명시적인 것은 아니지만 '맑스주의(적) – 생태주의(녹) – 페미니즘(보라)의 연결망'을 복잡계 과학에 대한 설명과 자연스럽게 상응시키고 있는 셈이다. 이런 점에서 이 책은 발전된 '과학 – 사상'과 현대의 '사회 – 운동'을 연결하려는 적극적인 실천적 관점을 단단히 내장하고 있다. 복잡계 과학과 사회 – 운동의 연결의 중요성은 〈맺음말〉에 잘 드러나 있다.

> 우리를 둘러싼 또 하나의 중요한 복잡계는 우리가 조직한 사회다. (……) 생태계처럼 매우 복잡한 비선형적 상호작용을 통해 사회에서 역동적 현상이 출현하고 사라진다. (……) 민주주의는 (……) 다양성을 바탕으로 질서가 유지된다. 어지러움을 근본으로 하여 다스려짐이 가능한 체제가 민주주의다. 그런 점에서 민주주의 시스템도 중요한 복잡계이며 자연과 닮았다. (……) 변하지 않는 완전한 세계를 찾으려는 노력이 아니라 혼돈과 질서가 어우러지며 변화를 거듭하는 세계에서 우리에게 주어진 시간 동안 모두가 잘 살 수 있는 현실을 만들려는 노력이 절실한 시대다.

이렇듯 자연만이 아니라 사회 역시 다양한 차이들의 우연한 마주침으로부터 새로운 질서가 창발하는 복잡계라면, 기후위기에 대처하지 못하는 작금의 대의–민주주의의 한계를 넘어서기 위해 복잡계 과학에 기초한 새로운 민주주의 이론과 실천의 창안이 시급하다.

200쪽 내외의 짧은 책에서 이렇게 방대한 지식의 통섭과 더불어 새로운 사회조직과 정치의 원리에 대한 진보적 논의가 과학적 설명에 따라 물 흐르듯이 자연스럽게 이루어지는 것은 놀라운 일이다. 더구나 어려운 내용을 전문가만이 아니라 일반인도 접근하기 쉽게 풀어내고 있다. 이런 점에서 오늘날 지식과 정보의 홍수에 휩쓸리지 않고 나와 세상의 바람직한 변화에 꼭 필요한 지식들을 선별해 연결하기를 원하는 독자들이 꼭 읽어보아야 할 책으로 추천하고 싶다.

추천사

# 우주를 아우르는 빅히스토리

**박인규** | 서울시립대학교 물리학과 교수, 《사라진 중성미자를 찾아서》 지은이

《혼돈의 물리학》은 그 자체로 빅 히스토리와 같은 책이다. 그렇다고 빌 브라이슨의 베스트셀러 《거의 모든 것의 역사》와 비슷하겠지 하고 예단하면 큰 실수다. 빌 브라이슨이 우주에서 출발하여 생명으로 이야기를 엮어나갔다면, 유상균의 《혼돈의 물리학》은 수(數)와 원자에서 출발한다. 우주를 설명하는 방식도 생명을 이야기하는 방식도 모두 다르다.

혼돈이 카오스면, 질서는 코스모스다. 코스모스는 우주를 뜻하기도 한다. 우주가 무척 질서정연하게 움직인다는 뜻을 내포하고 있다. 하지만 우주는 혼돈 속에서 태어났다. 생명조차도 혼돈 속에서 출발했다. 그래서 지은이는 물질과 생명의 탄생을 설명하기 위해 카오스와 코스모스를 먼저 들여다본다. 카오스와 코스모스는 수학과 물리학을 만나 통계역학이 되고 복잡계 과학으로 진화해간다. 카오스와 프랙털, 나비효과와 복잡계에 대해 평소 호기심이 있었고 공부해보고 싶었던 독자에게 이 책은 참으로 좋은 길잡이가 될 것이다.

무엇보다 이 책의 진정한 가치는 생명과 진화에 대한 통찰에 있다. 생명과 진화에 대해 이 책이 전달하는 지식과 설명은 인터넷이나 다른 서적을 통해 쉽게 얻을 수 있는 것이 아니다. 어쩌면 생명 모두를 개별적인 '낱생명'으로 볼지, 아니면 생명 전체를 하나의 거대한 시스템 '온생명'으로 인식해야 하는지가 이 책의 방점이라 할 수 있다. 이것이 지은이 유상균이 평생을 두고 고민해온 문제가 아닐까.

이 책 곳곳에는 보너스도 들어 있다. 수식이 포함된 물리학 이야기로 정신이 '혼돈'해질 즈음 예술 작품 이야기로 주의를 환기한다. 겸재 정선의 그림뿐 아니라 바실리 칸딘스키와 잭슨 폴록, 폴 세잔의 그림도 보여준다. 그렇다고 휴식을 위해 그냥 끼워 넣은 것이 아니다. 이 그림들이 '혼돈의 물리학'과 맥이 맞아떨어지기 때문이다.

이 책을 덮고 나면 갑자기 우주가 다르게 보일 수도 있을 것이다. 카오스도 코스모스도 아닌 카오스모스로 우주를 바라보게 될 것이다. 또 너를 죽여야만 내가 사는 갈등의 세상이 아니라 모두가 함께 공생해야 하는 온생명으로 세상을 보게 될 것이다. 이것이 지은이가 독자에게 주는 가장 큰 선물일 것이다.

《혼돈의 물리학》은 혼돈의 세상 속에서도 맑은 삶을 살아가기 위해 노력하는 우리가 꼭 읽어야 할 책이다.

## 신화에 나타난 우주 질서

우리는 우주를 코스모스<sup>cosmos</sup>라고 부르기도 한다. 이 말은 고대 그리스어로 질서와 정렬을 뜻하는 *κόσμος*에서 유래했다. 시간과 공간이라는 물리적 실체를 넘어 질서 있고 조화로운 우주라는 철학적 관점을 담고 있다. 문자도 과학도 없었던 과거에도 인간은 규칙적으로 반복되는 밤과 낮, 차고 기우는 달의 모습, 밀물과 썰물, 계절 변화 등으로부터 자연의 질서를 깨닫고 미래를 어느 정도 예측할 수 있었다. 대자연에 아무 규칙이 없다면 인간을 비롯한 많은 생명이 살아남을 수 없었을 것이다.

또한 그 시절 인간은 죽은 이를 매장하며 의식을 치르고 동굴에 뛰어난 벽화를 그릴 만큼 현대 인류와 다를 바 없는 정신세계를 지녔다. 따라서 대자연의 기원이나 질서를 관장하는 존재에 대해서도 궁금해했을 것이다. 인간은 고대 문명을 형성하고 문자를 사용하면서 자연의 기원에 대한 상상력을 기록으로 남겼다. 그중 일부는 우리에게도 친숙한 창조 신화들이다. 흥미로운 점은 세계의 어느 문명권이든 우주를 창조한 이야기에 비슷한 면이 있다는 것이다.

호메로스와 더불어 고대 그리스의 양대 시인이었던 헤시오도스가 남긴 서사시 《신통기》에 담긴 천지창조를 보면 처음 카오스chaos(혼돈)로부터 닉스(밤)와 에레보스(땅속의 어둠)가 생기고, 여기서 아이테르(창공)와 헤메라(낮)가 생겨났다. 이어서 대지의 여신 가이아Gaia와 새로운 생명을 생성하는 정신적 힘인 에로스Eros가 나오면서 물리적 '코스모스 우주'가 탄생했다.

중국에는 삼국시대에 쓰였다고 알려진 반고盤古 신화가 있다. 이야기에 따르면 혼돈에 빠져 있던 거대한 알 속에서 반고라는 신이 생겨나 알을 깨니 하늘과 땅으로 나뉘었다. 반고는 하늘과 땅이 다시 붙지 않도록 몸으로 떠받쳤다. 반고의 몸이 쑥쑥 늘어나며 1만 8,000년 동안이나 지속되자 지금의 세계가 되었다고 한다.

성경의 〈창세기〉에도 어둠과 혼돈에 휩싸여 있던 세계에 조물주 야훼가 질서를 부여하는 이야기가 등장한다. 야훼가 "빛이 있으라"라는 말을 시작으로 6일 동안 만물을 창조했고, 스스로 만족하여 '보시기에 좋았더라'는 이야기다. 어느 창조 신화든 혼돈으로부터 등장한 질서의 세계가 곧 우리의 우주임을 말하고 있다. 혼돈은 이미 무대 저편으로 사라졌고 세상은 한 치도 틀림없는 질서로 충만해졌다는 의미다.

## 과학과 우주 질서

신화에서 벗어나 사유로 세계의 본질을 이해하고자 했던 고대 그리스 자연철학자들도 혼돈을 벗어난 질서와 조화의 법칙을 탐구했다. 피타고라스의 정리로 잘 알려진 피타고라스(기원전 570~기원전 495)는 정수의 비로 표현되는 유리수에 우주의 질서와 조화가 들어 있기 때문에 '만물은 수數'라고 주장했다. 피타고라스를 계승한 철학자 플라톤(기원전 428년경~기원전 348년경)도 기하학이 이데아를 기술할 수 있다고 보고 기하학 원리를 바탕으로 우주 창조의 질서를 설명했다. 피타고라스와 플라톤의 사유는 긴 시간을 뛰어넘어 근대과학으로 이어졌다.

아이작 뉴턴(1642~1727)의 과학혁명을 필두로 인간은 자연 질서에서 매우 정확하고 명료한 수학 법칙을 찾아냈다. 그 결과 세계가 일정한 법칙에 따라 예측 가능한 방식으로 돌아가고 있음을 깨달았다. 뉴턴은 태양을 중심으로 행성이 도는 천체 운동을 단 하나의 법칙인 만유인력 법칙으로 설명했다. 아무런 연결점이 없는 태양과 행성 사이에 힘이 작용한다는 주장은 당시 사람들이 보기에 무척 이상했지만, 위대한 경제학자 존 메이너드 케인스(1883~1946)가 말했듯 '마지막 마법사' 뉴턴에게는 가능한 생각이었다. 만유인력 법칙은 많은 천문 현상뿐 아니라 지상의 낙하 및 포물체 운동 등에도 적용할 수 있었다. 하늘과 땅을 통틀어 담을 수 있는 법칙이었던 것이다. 만유인력이 잘 적용될 수 있었던 것은 뉴턴이 저서 《자연철학의 수학적 원리》에 담은 세 가지 운동 법칙 덕분이었다. 이전까지 인간에게 없었던 가장 일반적인 세계 질서에 관한 법칙이었다.

대자연과 자연의 법칙은 어둠에 감싸여 있었다. 신께서 "뉴턴이 있으라!" 하시니 모든 것이 밝아졌다.

뉴턴의 장례식에서 당대 최고의 시인 알렉산더 포프(1688~1744)가 지어 바친 조시弔詩의 한 구절이다. 인간이 들을 수 있는 최고의 칭송인 듯하다. 뉴턴에게 자연을 연구한다는 것은 조물주가 세상을 창조한 비밀을 찾는 일이었다.

뉴턴이 세계 질서의 법칙으로 향하는 문을 활짝 열어젖히자 감추어져 있던 사실들이 쉴 새 없이 드러났다. 고대 그리스인들도 존재를 알고 있던 전기와 자기라는 현상은 서로 잡아당기거나 밀어내는 힘이 작용하는 듯했다. 하지만 두 힘 사이에 연관이 없어 보였고, 오로지 당기는 힘만 존재하는 만유인력과도 구별되었다. 샤를 드 쿨롱(1736~1806), 앙드레마리 앙페르(1775~1836), 마이클 패러데이(1791~1867), 제임스 클러크 맥스웰(1831~1879) 등의 물리학자는 두 힘이 연관 있을 뿐 아니라 결국 하나의 힘이라는 사실을 깨달았다. 그 결과 19세기 후반 맥스웰 방정식이라는 매우 아름다운 수학 법칙이 탄생했다. 이를 통해 과학자들은 조물주의 첫 번째 창조물인 빛도 전기와 자기에 의한 현상임을 알게 되었다. 20세기 직전 인간은 전기와 자기가 통합된 전자기력과 만유인력이 결합하여 질서와 조화의 우주를 가능케 한다고 확신했다.

위대한 수학자 피에르시몽 드 라플라스(1749~1827)는 "만약 누군가가 전 우주의 모든 원자의 정확한 위치와 운동량을 알면 고전역학 법칙들로 그 원자들의 모든 과거나 미래를 알 수 있다"라고 했다. 이처럼 수천 년이 흐르는 동안 인간은 혼돈을 극복하고 태어난 세계의 질서, 즉 코스모스를 발견해왔다. 자연 곳곳에서 드러나는 피타고라스의 화음이 바로 혼돈이 사라진 자연의 진짜 아름다움이라고 여겼다. 또한 어두운 동굴을 벗어나 플라톤이 찾고자 했던 이데아를 물리학을 통해 조금씩 알아간다고 믿었다.

## 혼돈과 우연으로 가득한 실제 세계

여기서 한 가지 중요한 의문이 든다. 우리가 발견한 질서와 법칙이 진정 우리가 사는 세계를 빠짐없이 나타내는가? 다시 말해 창조 과정에서 완벽하고 단순한 질서만 세상에 남고 혼돈은 자취를 감추었는가? 자연에 깃들여 살며 스스로 자연이기도 한 우리 자신을 비롯해 우리가 만나고 경험하는 모든 일은 확고한 법칙을 따르고 언제나 예측 가능한가? 생각해보면 그렇지 않다. 우리는 개개인의 미래는 물론 역사가 어떻게 전개될지도 알 수 없다. 1시간 후에 내가 어떤 생각을 할지, 투자한 주식의 가격이 언제 얼마나 오르거나 내릴지, 며칠 후 날씨가 어떨지, 기후변화로 얼마나 많은 생물이 사라질지 등을 알 수 없는 수많은 불확실성 속에서 하루하루를 살고 있다. 또한 흐르는 시냇물, 다양한 모습으로 생겨났다 사라지는 뭉게구름, 바람에 펄럭거리는 깃발의 움직임처럼 규칙성을 찾아볼 수 없는 예측 불가능한 현상이 주위를 메우고 있다.

규칙적으로 변하는 듯한 자연의 화음에는 많은 불협화음도 들어 있다. 천체들이 만들어내는 천상의 화음에 맞추어 1년마다 태양을 돌고 사계가 순환하는 지구에는 혼돈, 불규칙성, 무질서, 우연의 세계도 펼쳐져 있다. 질서가 창조됨으로써 만들어진 세상에서도 혼돈이 사라지지 않고 우리 주위를 채우며 나름의 역할을 하고 있다.

위대한 동양의 고전 《장자莊子》〈내편內篇〉 응제왕應帝王 장에 놀랍도록 정확한 비유가 나온다.

남해의 임금을 숙儵이라 하고, 북해의 임금을 홀忽이라 하며, 중앙의 임금을 혼돈渾沌이라 하였다. 숙과 홀이 어느 날 혼돈의 땅에서 만났을 때 혼돈이 그들을 잘 대접했다. 그래서 숙과 홀은 상의하여 혼돈의 덕을 갚으려 했다. "사람들은 모두 일곱 구멍이 있어 그것으로 보고 듣고 먹고 숨 쉬는데 이분만 홀로 없으니 시험 삼아 뚫어주자"라고 하고 하루 한 구멍씩 뚫어 7일이 되니 혼돈은 죽고 말았다.[1]

장자(기원전 369년경~기원전 286)는 중앙의 임금 혼돈이 주변 나라들과 돈독하게 잘 지내는 상황을 설정하고 있다. 아직 천지가 열리지 않은 상태에 머물고 있는 혼돈을 명암이 구별되고 질서 있는 형태로 변화시키려 하기보다는 그 자체로 존재하도록 해야 한다는 의미다. 노장 철학의 핵심인 무위無爲 사상을 잘 보여주는 글이다.

장자의 또 다른 말씀도 들어보자. 〈외편外篇〉 추수秋水 장에 다음과 같은 말이 나온다.

바른 것만을 좋은 것으로서 높이고 그른 것을 무시하고

---

1 南海之帝爲儵 北海之帝爲忽 中央之帝爲渾沌. 儵與忽時相與遇於渾沌之地 渾沌待之甚善. 儵與忽謀報 渾沌之德曰 "人皆有七竅 以視聽食息 此獨無有 嘗試鑿之" 日鑿一竅 七日而渾沌死.

세상이 다스려지는 것만을 좋은 것으로서 높이고 어지러움을 무시하면
그것은 천지자연의 이치와 만물의 진실을 모르는 자의 소행이다.[2]


　20세기 이후 과학은 자연의 심오한 질서 체계를 발견하는 동시에
혼돈, 우연, 불규칙성이 그 안에서 어떻게 작용하는지 알려주고 있다.
예외적이고 거추장스러웠던 현상들이 과학의 중요한 영역에 자리하
기 시작했다. 더욱 놀라운 사실들도 정체를 드러냈다. 첫째, 우주를 구
성하는 기초 재료인 원자들의 세계는 뉴턴 물리학과 달리 우연과 확
률이 지배하고 있다. 우리를 비롯한 모든 것은 분명 원자로 이루어
져 있는데, 역설적으로 원자는 명확히 정해진 존재가 아니라는 것이
다. 둘째, 예측할 수 없는 혼돈 자체에도 질서 체계가 있고, 반대로 규
칙적인 현상 안에도 무질서와 혼돈이 자리하고 있다. 셋째, 혼돈의 가
장자리라 불리는 상태, 즉 완전한 혼돈도 완전한 질서도 아닌 그 사이
의 매우 특별한 영역이 존재한다. 무질서해 보이는 이 시스템 안에서
조직적 질서가 스스로 창발emergence[3]하며 역동적으로 변화한다. 우리
의 세상은 질서와 혼돈이 그저 단순히 공존하는 곳이 아니다. 원자의
우연성이 거시적으로 안정된 구조를 만들고, 질서로 보이는 현상 안
에 혼돈이 있으며, 혼돈으로 보이는 현상 안에 질서가 있다. 그 중간
의 어느 영역에서는 자체 질서가 끊임없이 나타났다가 사라지며 매

---

2　蓋師是而無非 師治而無亂乎 是未明天地之理 萬物之情者也.
3　구성 요소에는 없는 특성이나 행동이 전체에서 자발적으로 출현하는 현상으로 '떠오름 현상'이라
　고도 한다.

우 복잡다단한 세상을 이룬다.

우리는 세계 안에서 생각하고 행동하며 느끼고 살아간다. 플라톤이 상상한 완전한 이데아의 세계는 어디에도 없다. 우리가 핵심만 배워 익힌 교과서에만 존재할 뿐이다. 이 책에서 살펴볼 세상은 진정 우리가 발 딛고 살며 최선의 세상이라고 받아들여야 하는 곳이다. 다스려짐과 어지러움이 뒤섞여 슬픔과 고통을 주지만 또한 기쁨과 안식을 주기도 하는 이 세상이 바로 모든 존재의 피할 수 없는 삶이요 운명이다.

우리가 접하는 외부 환경뿐 아니라 내면세계도 혼돈이 뒤섞여 있기는 마찬가지인 것 같다. 실제로 정신분석학자 지그문트 프로이트(1856~1939)는 무질서와 혼돈으로 여겨지는 무의식이 인간 정신세계의 많은 부분을 지배하고 있음을 보여주었다. 니콜라우스 코페르니쿠스에 의해 지구가 우주의 중심에서 퇴출되기는 했지만, 그리고 찰스 다윈에 의해 우리 호모사피엔스는 진화 과정에서 등장한 수많은 종 중 하나일 뿐이라는 사실이 드러나기는 했지만 다른 어느 동물보다 뚜렷한 의식을 지닌 이성적 존재인 줄 알았던 인간의 정신세계를 비이성적·비논리적 무의식이 지배한다는 것이다. 망망대해에 떠 있는 빙산이 실제로는 전체의 8퍼센트만 드러나 있고 나머지 92퍼센트는 수면 아래 있듯이, 겉으로 발현된 우리 의식 아래에는 훨씬 넓은 무의식의 세계가 자리한다.

혼돈을 철학적 주제로 삼은 철학자 프리드리히 니체(1844~1900)는 '질서 없음'이 오히려 창조와 생성의 가능성을 지닌 상태로서 우주의 본질을 구성한다고 보았다. 니체를 계승한 대표적 포스트모더니즘 철학자 질 들뢰즈(1925~1995)도 세계는 카오스와 코스모스가 어우러져 역동적으로 작동한다는 생각을 제임스 조이스(1882~1941)의 소설 《피네간의 경야》에 등장하는 '카오스모스chaosmos'라는 말을 빌려 와 언급했다.

그동안 많은 문화 영역이 이러한 내면세계를 반영해왔다. 체계적이고 형식적인 17~18세기 고전음악은 지금도 많은 감동을 주지만, 당시에는 일부 상류층의 것이었을 뿐 모든 이를 아우르지 못했다. 반면 재즈를 비롯한 현대음악들은 무거운 형식에서 벗어나 자유로움을 추구하면서도 수많은 사람이 흥과 분노를 발산하고 연주자와 관객이 거리낌 없이 하나로 어울리도록 이끈다. 문명화하지 않은 원시 상태의 부족들이 일상적으로 만들어낸 자유로운 리듬과 불협화음이 문명권의 다듬어진 음악과 결합하면서 대중이 언제든 편하게 즐기게 되었다.

이 책에서는 이처럼 성질이 대립하는 듯한 우연, 혼돈, 불규칙과 필연, 질서, 규칙이 사실은 세계에 혼재되어 있으며 그것이 세계의 진정한 아름다움임을 강조하며 몇 가지 사례를 스케치하려 한다. 우리와 동떨어져 있어서 기나긴 노정이 필요한 곳이 아니라 바로 우리의 모습이자 우리 옆에서 나타나는 모습들이다.[4]

## 이 책의 구성에 관하여

이 책은 여섯 개 장으로 이루어져 있다. 각 장마다 뉴턴 물리학에

---

4  이에 관한 많은 문헌 중 특히 일리야 프리고진과 이사벨 스텐저스의 선구적 저서 《혼돈으로부터의 질서》(신국조 옮김, 자유아카데미, 2011)를 추천한다.

바탕한 단순 질서 시스템과 근본적으로 다르고 혼돈, 불확실성, 우연이 지배하는 여러 세계를 소개할 것이다.

먼저 1장에서는 피타고라스를 소환하여 실제 자연 세계가 아니라 수학이라는 관념 세계에서 이야기를 시작한다. 과학 이전에 그 언어라 할 수 있는 수학의 영역에 이미 질서와 혼돈이 혼재되어 있다는 의미이기도 하다. 피타고라스는 '만물은 수'라고 주장했다. 물론 유리수만 생각한 이야기지만 이후 더 폭넓은 수의 세계가 드러나기 시작했다. 지금도 여전히 수는 우리 세계를 잘 반영하는 듯하다. 피타고라스는 정수의 비로서 주어지는 유리수에 자연 질서가 정확히 들어 있다고 봤지만, 피타고라스학파의 문도였던 히파수스가 무리수의 존재를 밝혔다. 실수의 한 영역을 차지하는 무리수는 유리수와 다른 예외적 수로 여겨졌지만, 19세기 말 '무한'이라는 신의 영역을 탐구한 게오르크 칸토어가 오히려 유리수가 전체 실수의 극히 일부일 뿐 대부분은 무리수가 차지하고 있음을 입증했다. 수의 세계에서는 규칙이 없는 무리수의 바다 위에 조화의 상징인 유리수가 섬처럼 곳곳에 드러나 있다. 그리고 유리수와 무리수가 결합함으로써 연속적이고 완성된 수체계를 이룬다.

2장에서는 현대물리학의 꽃으로 우주의 기초적 세계를 성공적으로 기술해온 양자역학이 보여주는 우연을 살펴본다. 양자역학이 말하는 미시 세계는 뉴턴 물리학과는 전혀 맞지 않는 그야말로 딴 세상의 존재들로 이루어졌다. 미시 세계는 위치나 움직임을 언제든 정확히 파악할 수 있는 것이 아니라 확률적으로만 존재하며, 우리는 기껏해야 어느 위치에 존재할 확률 정도만 예측할 수 있다. 확률과 우연이 지배하는 그 세계에서는 자연의 합법칙적 질서를 바탕으로 미래를 정확히 예측할 수 없다.

3장에서는 카오스 현상의 특징과 질서를 자세히 알아본다. 카오스를 보여주는 시스템은 단순하고 예측 가능한 뉴턴의 물리학 체계와 달리 비선형적 방정식으로 기술된다. 특정 매개변수가 변함에 따라 시스템이 특정 값으로 고정되는 경우로부터 두 개의 값, 네 개의 값, 여덟 개의 값 등으로 주기가 배가하는 과정을 거쳐 어느 매개변수에서 주기 무한대의 상황인 카오스, 즉 혼돈이 나타난다. 많은 카오스 현상 사례에서 보편적으로 나타나는 이 과정이 카오스의 주요 질서 체계라 할 수 있다. 혼돈에 포함된 이 특성은 1970년대에 등장하여 새로운 수학 분야로 자리 잡은 프랙털 기하학과 이어진다. 이 책에서는 로지스틱 맵$^{logistic\ map}$이라는 간단한 수학 모형을 중심으로 주기 배가, 나비효과, 프랙털 기하학의 연관성을 통해 혼돈과 질서의 어우러짐을 자세히 살펴볼 것이다.

4장부터 마지막 장까지는 새로운 과학혁명으로 떠오르고 있는 복잡계$^{complex\ system}$에 대해 이야기한다. 먼저 고대 그리스에서 활동한 두 원자론자의 차이를 이야기하며 시작하고, 복잡계 과학에 관한 일반적 내용으로 끝을 맺는다.

그리스 원자론의 원조는 데모크리토스(기원전 460년경~기원전 380년경)다. 그는 탈레스나 피타고라스처럼 우주의 본질에 대한 질문에 답하려 했다. 그는 우주의 본질은 원자고, 세계는 더 이상 나눌 수 없는 원자와 허공으로 구성되며, 원자가 허공에서 움직임으로써 변화가 일어 난다고 주장했다. 약 100년이 지난 후 또 다른 원자론자 에피쿠로스 (기원전 341~기원전 270)가 등장했다. 두 원자론자의 중요한 차이는 데모 크리토스가 이미 정해진 원자의 운동에 의한 결정론적 기계론을 주 장한 반면 에피쿠로스는 원자가 정해진 궤적에서 우연히 이탈한다 는 비결정론적 세계관을 주장한 것이다. 이 차이를 분석한 카를 맑스 (1818~1883)[5]는 에피쿠로스 원자론을 기초로 변증법적 역사유물론을 주장했고, 다윈 진화론에도 동일하게 적용할 수 있다고 보았다. 에피 쿠로스 원자론은 한편으로는 구성 요소들이 무질서하게 상호작용하 지만 다른 한편으로는 집단적 질서를 조직하는 오늘날의 복잡계와 맥을 같이한다. 따라서 복잡계의 특성과 사례를 소개하는 동시에 에 피쿠로스 원자론이 맑스를 거쳐 복잡성의 과학으로 이어지는 과정을 살펴볼 것이다.

5장에서는 우주에서 가장 신비로운 존재인 생명체에서 어떻게 데 모크리토스적 질서와 에피쿠로스적 우연이 결합하여 '살아 있음'이 라는 현상이 발현했는지를 살펴본다. 물리학자 에르빈 슈뢰딩거(1887 ~1961)는 저서 《생명이란 무엇인가》[6]에서 생명은 단순하고 따분한 단 결정 물질이 아니라 의미 있고 반복 없이 이어지는 거장의 벽화 장식 같은 비주기적 결정이라고 통찰력 있게 주장했다. 현대적 용어로 말

---

5  이 책에서는 Marx를 한글로 '맑스'라고 표기한다. 단, 인용하는 다른 저서 제목이 '마르크스'로 표 기된 경우는 그대로 따르기로 한다.
6  에르빈 슈뢰딩거, 《생명이란 무엇인가》(전대호 옮김, 궁리, 2007).

하면 생명이야말로 전형적인 복잡계다. 정교한 질서 체계를 통해 스스로 안정을 유지하면서도 본능적 활동에서 의식에 이르기까지 다양한 패턴을 조직하는 시스템이다. 또한 5장에서는 생명에 대한 정의의 여러 한계를 살펴보고, 궁극적으로 '온생명' 같은 복잡계 관점에 토대한 정의만이 정확한 생명의 정의에 다가갈 수 있음을 이야기할 것이다.

6장에서는 원시 지구의 어느 시기에 탄생한 복잡계로서의 생명이 장구한 시간 동안 이어져왔을 뿐 아니라 매우 다양한 형태로 진화해온 메커니즘을 제시한 찰스 다윈(1809~1882)의 진화론도 많은 부분이 에피쿠로스적 우연의 산물임을 이야기한다. 다윈이 《종의 기원》 마지막 문장에서 이야기했듯, 행성은 변함없이 태양을 돌고 있는 반면 생명의 역사에서는 단순한 시작 이후부터 경이롭고 다양한 종들이 계속 진화하고 있다. 생태계는 단순한 질서의 세계가 아니라 우연이 개입하면서 더 복잡한 생물들이 나타나고 사라지는 역동적인 공간이다. 이 장에서는 다윈 진화론의 핵심과 함께 다윈 이후 전개된 20세기 생물학의 종합, 그리고 20세기 후반에 등장한 발생학과 진화론의 결합(이보디보)을 살펴보면서 어떻게 정교한 질서와 우연이 결합하여 더 큰 복잡성과 다양성을 진화시킬 수 있는지 알아본다.

마지막으로 맺음말에서는 인간이 자연을 예측 가능한 기계로 간주함으로써 발생한 기후위기에 대해 이야기하고, 아울러 다스려짐과 어지러움이 조화되는 민주주의의 중요성을 생각하며 글을 맺는다.

나는 물리학자이지만 이 책에서는 물리학 외에도 수학, 생물학뿐 아니라 인문·사회 영역의 사례들까지 포함했기 때문에 각 장의 느낌이 달라 독자께서 약간의 혼란을 느끼지 않을까 우려된다. 그러나 핵심 주제는 무질서, 혼돈, 불확실성 그리고 우연이 질서, 규칙 그리고 필연과 어우러져 형성하는 세계라는 점을 염두에 두고 읽어주시기를 바란다. 또한 가끔 주제에서 벗어나지만 배경과 흐름을 이해하는 데 도움이 되거나 안내가 필요한 내용들도 기술했다. 안내가 필요할 때 본문 가운데에서 언급하겠다. 이런저런 이야기들이 뒤섞여 무질서한 것처럼 보이지만, 그로부터 우리 세상의 모습을 독자 여러분이 '창발' 해낼 수 있기를 바란다.

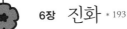

1장

유리수와 무리수

유리수와 무리수

물질세계가 아닌 곳에서 질서와 혼돈이 만날 수 있을까? 수학의 세계에서는 그럴 수 있다. 사실 수학은 인간이 자연을 이해하고 기술하는 데 반드시 필요하다. 모든 물리법칙이 수학 공식으로 표현되는 것을 봐도 알 수 있다. 근대과학의 아버지 갈릴레오 갈릴레이(1564~1642)는 "신은 수학이란 언어로 우주를 창조했다"라고 단언했다. 과연 수에는 어떤 특성이 있어서 그토록 신비로운 우주의 원리를 담아낼 수 있을까?

인간이 처음 수학을 발명한 계기는 실용적 이유 때문이었을 것이다. 빵을 똑같이 분배하거나 부과할 세금을 계산해야 했기 때문이다. 또한 고대 이집트에서는 매해 나일강이 범람하여 불분명해지는 토지의 경계선을 다시 정하기 위해 땅을 측량하는 데 수학이 필요했다. 지금도 실용적 수학이 없으면 인간은 단 하루도 삶을 유지하기 어려울 것이다. 그런데 수학의 세계를 조금만 더 깊이 들여다보면 심오한 면모를 엿볼 수 있다.

예를 들어보자. 돌멩이와 나무는 자연물이라는 사실 말고는 연결 고리가 거의 없는 개별 존재들이다. 그런데 만약 세 개의 돌멩이와 세 그루의 나무가 있다면 이들은 각각 '3'이라는 숫자를 매개로 동일해진다. 한 무리로 묶을 수 없었던 두 존재를 '개수가 세 개인 물체의 집합'으로 묶을 수 있다. 이 밖에도 세 개의 별, 세 사람, 세 대의 자동차 등 무엇이든 개수가 3이면 이 집합에 포함할 수 있다. 이처럼 수는 사물들을 양적으로 관계 지어줄 수 있다. 자연에서 일어나는 모든 변화도 관계의 문제라 할 수 있다. 수는 관계를 나타내는 데 무척 적절해 보인다.[7]

생각을 좀 더 진전시켜보자. 고대 이집트인들이 만든 피라미드는 지금 봐도 규모나 정교함이 놀라울 따름이다. 이렇게 거대한 건축물을 세울 수 있었던 배경 중 하나는 피라미드 형태가 머금은 직각삼각형에 관한 충분한 지식이 있었기 때문인 듯하다.

$$(3, 4, 5), (6, 8, 10), (33, 56, 65), (65, 72, 97), (336, 527, 625)$$

이 세 쌍의 수들은 무엇을 의미할까? 모두 직각삼각형을 이루는 세 변의 길이에 해당한다. 물론 이것 외에도 많은 예를 들 수 있다. 고대 이집트인들은 이 수치들을 정확히 알고 피라미드를 건축했을 것이다. 한편 고대 바빌론에서 발견된 점토판에도 여러 직각삼각형의 세 변의 값들이 새겨져 있다. 이처럼 종류가 많은 서로 다른 쌍들을 하나의 공식으로 표현할 수 있는데 그것이 바로 피타고라스 정리이며 다음과 같이 표현된다.

$$a^2 + b^2 = c^2$$

세 개의 숫자는 이 정리를 만족시키는 삼각형 세 변의 길이 $a, b, c$ 에 해당한다. 이처럼 여러 사물이나 개념으로부터 공통점을 파악하여 추려내는 것이 추상화<sup>abstraction</sup>이며, 수학은 추상화를 위한 최고의 도구다. 추상화는 운동 법칙으로도 확장할 수 있다. 개별 존재들의 운동을 하나의 법칙으로 일반화한 결과가 뉴턴의 운동방정식(고전물리학), 슈뢰딩거 방정식(양자역학), 아인슈타인의 장방정식(일반상대성이론) 등이다. 그러므로 수학을 통하지 않으면 자연을 이해할 수 없다. 수학으로 표현된 법칙들은 현 세계를 환히 밝혀주는 빛이 되었다. 우리의 일상 영역을 넘어 극단에 이르는 자연의 질서를 드러내주었고, 우리는 이들을 통해 일식을 예측하고, 반도체를 이해하고, 블랙홀을 상상한다.

## 유리수, 피타고라스가 생각한 우주의 본질

수학 공식으로 표현된 운동 법칙이 세상에 나오기 오래전에 이미 수가 세계의 본질이라고 생각한 사상가가 피타고라스다. 피타고라스가 태어난 기원전 6~기원전 5세기경 그리스인들은 앞선 오리엔트 문명과 이집트 문명을 받아들인 후 인류 최초로 과학적 사유를 시작했다. 밀레투스 지역의 탈레스(기원전 625년경~기원전 547년경)를 필두로 여러 사상가가 '세상은 무엇으로 이루어져 있는가?'라는 질문을 던지고 답을 제시했다. 탈레스는 그 답이 물이라 했고, 같은 지역에 살았던 제자 아낙시만드로스(기원전 610~기원전 546)는 보이는 세계 밑바탕

---

**7** 인류 문명 초기의 수학을 현실감 있게 소개한 EBS 다큐멘터리 〈문명과 수학〉 1부를 권한다.

에 있는 무한자<sup>apeiron</sup>라 했다. 또 아낙시만드로스의 제자였던 아낙시메네스(기원전 585년경~기원전 525년경)는 공기가 세계의 기본 물질이라 했다. 모두 다른 답을 이야기했지만 문제가 되지는 않았다. 당시는 현대처럼 실험이나 측정을 하지 않았기 때문이다. 개별적 사유나 경험에 따라 답이 달라질 수 있었으므로 모두 나름대로 충분한 이유가 있었다.

많은 사상가가 눈에 보이든 그렇지 않든 물질적 존재에서 본질을 찾고자 한 반면, 피타고라스는 실제 세계와는 전혀 다른 곳에서 우주의 본질을 찾았다. 정치적 지배자의 영향력이 강하지 않은 자유와 평등의 세계였던 이오니아 사모스섬에서 태어난 피타고라스는 이집트, 바빌론, 인도 등에서 오랫동안 공부하고 사모스섬으로 돌아왔다. 그러나 당시 참주였던 폴리크라테스의 독재에 실망하여 사모스섬을 떠나 이탈리아 남부 크로톤에 정착했다.

피타고라스는 과거에 경험했던 이상 사회가 현실 세계에 다시 구현되는 것은 불가능하다고 생각했다. 그 결과 당시 중요한 질문이었던 '본질'을 모색하는 과정에서 현실을 넘어선 이상 세계로 눈을 돌렸다. 바로 수<sup>number</sup>의 세계였다. 다른 사상가들과 마찬가지로 그의 생각은 자연현상에 머물지 않고 정치와 윤리까지 나아갔다. 피타고라스학파를 만들고, 남녀가 평등하고 금욕적으로 생활하는 공동체를 조직하여 수많은 제자를 길러냈다. 피타고라스의 사상은 가장 위대한 서양 철학자로 꼽히는 플라톤에게로 이어졌다. 플라톤은 자신의 학당 아카데미아 입구에 "기하학을 모르는 자는 들어올 수 없다"라고 쓸 정도로 수학을 학문의 근간으로 생각했다.

피타고라스가 본 세계의 참모습은 질서와 조화다. 아마도 그가 염원한 사회의 모습이기도 했을 것이다. 그는 이 모습이 수의 세계 안에 있음을 깨달았다. 수학을 절대적 기반으로 하는 현대 과학 정신의 원조라 할 수 있다. 그가 활동하던 당시 알려져 있던 수는 자연수自然數. natural number와 약분할 수 없는(서로소) 두 자연수의 비로 나타낼 수 있는 유리수有理數, rational number뿐이었다. 무리수가 발견되기 직전 시대의 인물인 피타고라스는 자연수를 포함한 유리수가 질서와 조화를 잘 담고 있다고 생각했다.

잘 알려졌다시피 자연수는 1, 2, 3, ……으로 무한히 많다. 이 수는 개수를 헤아리거나 순서를 정하기 위해 번호를 매길 때 기본적으로 쓰인다. 여기에 0과 음의 자연수(-1, -2, -3, ……)를 합하면 정수整數, integer가 된다. 그렇지만 0과 음의 자연수는 훗날 인도에서 만들어져 아라비아를 거쳐 서양으로 전해졌으므로 피타고라스는 알 수 없었다. 그렇다면 피타고라스학파는 자연수 안에서 어떤 질서와 조화를 찾아냈을까?

먼저 완전수, 부족수, 과잉수를 꼽을 수 있다. 완전수란 자신을 제외한 약수(진약수)의 합과 같은 수다. 부족수는 진약수의 합보다 큰 수고, 과잉수는 진약수의 합보다 작은 수다. 가장 작은 완전수는 6이다. 6의 진약수는 1, 2, 3이고 1+2+3=6이므로 6은 완전수다. 훗날 중세 학자들은 하느님이 6일 동안 세상을 창조한 이유를 여기서 찾기도 했다. 반면 8의 진약수는 1, 2, 4다. 그 합 7은 8보다 작기 때문에 8은 부족수다. 또 12는 진약수들이 1, 2, 3, 4, 6이고 합이 16이다. 따라서

12는 과잉수다. 세상의 일처럼 수 안에도 모자라기도, 넘치기도, 정확히 맞기도 하는 숫자들이 있다는 뜻일 것이다. 완전수는 6 이외에도 28, 496, 8,128 등이 있고, 아직도 많은 사람이 매우 큰 완전수를 찾고 있다.

또한 피타고라스는 친화수(우애수)도 이야기했다. 이름만 들어도 두 수의 관계를 알 수 있을 것이다. 예를 들어 220과 284는 친화수다. 220의 진약수들을 모두 합하면 284가 되며(220은 과잉수), 284의 진약수들을 모두 합하면 220이 되는(284는 부족수) 특별한 경우다. 그 밖에 1,184와 1,210, 2,620과 2,924, 5,020과 5,564 등도 친화수에 해당한다. 또 피타고라스는 짝수는 여성을, 홀수는 남성을 상징한다고 여기고 2와 3의 합인 5에 '조화의 수'라는 특별한 의미를 부여했다. 그를 수신비주의자數神秘主義者로 부르는 이유가 여기에 있다. 숫자 5는 고대 동양에서도 매우 중요시한 수다. 당시 해와 달을 제외하고 관측할 수 있었던 행성이 다섯 개라는 현실을 근거로 오행 이론을 만든 것이 좋은 예다. 고대 동양인들은 이들이 상생과 상극의 관계를 맺으며 만물의 운행을 관장한다고 봤다.

자연수의 비로 나타낼 수 있는 유리수는 기본적 형태가 분수지만 유한소수와 순환소수 두 가지 소수로 나타낼 수도 있다. 유한소수는 $\frac{1}{2}$=0.5, $\frac{1}{4}$=0.25 등으로 소수점 이하의 숫자가 유한한 경우를 뜻한다. 순환소수는 $\frac{1}{3}$=0.333······이나 $\frac{1}{6}$=0.1666······처럼 같은 숫자가 무한히 반복되는 경우를 뜻한다. 또 $\frac{1}{7}$=0.142857142857······과 같이 두 개 이상의 숫자가 반복되는(순환 마디가 여섯 개) 사례도 있다. 심

**그림 1** • 프란키누스 가푸리우스의 《음악 이론Theorica Musice》(1492) 삽화. 피타고라스가 대장간 앞을 지나다가 인상적인 소리를 듣고 화음의 수학 법칙을 발견했다는 이야기를 전한다.

지어 $\frac{1}{29}$ =0.03448275862068965517241379 31……은 순환 마디가 28개다. 그보다 많은 경우도 있지만, 모든 유리수는 예외 없이 유한소수 아니면 순환소수다. 수의 세계에서 나타나는 매우 놀라운 질서다.

피타고라스가 유리수로부터 찾아낸 조화는 음악에서도 확인할 수 있다(그림 1). 줄을 튕겨 소리를 낼 때 음의 높이는 줄의 길이와 밀접하다. 짧을수록 높은 소리가 난다. 놀라운 사실은 길이 1미터인 줄이 내는 소리와 절반에 해당하는 $\frac{1}{2}$ 미터인 줄이 내는 소리는 같은 음으로 느껴지는 배음을 만들어낸다는 점이다. 이 밖에도 $\frac{2}{3}$ 미터, $\frac{3}{4}$ 미터 등

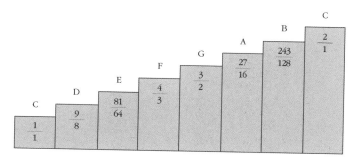

**그림 2 •** 피타고라스 음계 C(낮은 도), D(레), E(미), F(파), G(솔), A(라), B(시), C(높은 도). 숫자들은 각 음의 C(낮은 도)음에 대한 주파수의 비를 나타낸 것이다

유리수에 해당하는 줄이 내는 소리들은 화음을 이룬다. 이 사실에 바탕한 피타고라스는 지금도 널리 사용되는 7음계인 도, 레, 미, 파, 솔, 라, 시를 만들었다(그림2). 이들 중 중요한 화음은 화성학의 기초를 이루는 1도(도·미·솔), 4도(도·파·라), 5도(솔·시·레)다. 한편 줄의 길이는 소리 주파수와 역수의 관계기 때문에 결국 주파수가 자연수의 비로 주어지는 두 음파가 화음을 만들어낸다고 볼 수 있다.

## 있으면 안 되는 수, 무리수 발견

자연수와 유리수로 이루어진 수체계는 세계의 질서와 조화를 완벽히 담아낸 듯했다. 수의 세계는 지상의 불완전한 인간세계의 이데아 Idea 같았다. 그러던 중 이 사고에 반하는 엄청난 사건이 일어난다. 피타고라스학파가 그처럼 신성시했던 수체계 안에서 드러나지 않았던 혼돈이 발견된 일이다. 그것도 피타고라스의 가장 중요하고 빛나는 업적인 피타고라스 정리를 통해 말이다. 바로 무리수無理數, irrational number

발견이다. 직각삼각형에서 짧은 두 변의 길이가 모두 1이면($a = 1, b = 1$) 긴 변의 길이는 어떻게 될까? $1^2 + 1^2 = c^2$이므로 $c^2 = 2$, 즉 $c = \sqrt{2}$다. 제곱해서 2가 되는 값 $\sqrt{2}$를 어림잡아 구하면 1.414213 정도다. 그러나 정확하지는 않다. 아무리 정확히 구하려 해도 제곱한 값은 2에 가까이 갈 뿐 정확히 2가 나오지는 않는다. 그렇다면 이 수는 유리수일까, 아닐까?

다시 한번 유리수의 정의를 살펴보자. 앞에서 유리수란 서로 약분되지 않는(서로소) 두 자연수의 비라고 했다. $\frac{1}{3}$, $\frac{3}{5}$, $\frac{5}{12}$ 등으로 무한히 많다. 만일 $\sqrt{2}$도 유리수라면 어떻게든 분수로 나타낼 수 있어야 한다. 그럴 수 없다면 $\sqrt{2}$는 유리수가 아니다. 이제 수학이 갖는 증명의 힘을 이용해야 한다. 수학적 귀류법歸謬法이라는 증명 방법이 있다. 어떤 명제를 증명하기 위해 먼저 그 명제가 거짓임을 전제로 논리를 전개한 후 마지막에 그 결과가 처음의 전제와 모순됨을 보이는 방법이다. 이 단계적 방법으로 $\sqrt{2}$가 유리수가 아님을 증명해보자.

❶ $\sqrt{2}$가 유리수라고 가정한다. 그럼 유리수의 정의에 의해 서로소인 두 자연수의 비로 나타낼 수 있다.

$\sqrt{2} = m/n$ ($n$, $m$은 서로소)

❷ 양쪽을 제곱하면 다음과 같이 된다.

$2 = m^2/n^2 \Rightarrow 2n^2 = m^2$

❸ $m^2$은 2의 배수이므로 짝수이며, 자동으로 $m$도 짝수가 된다.

❹ $m = 2k$ ($k$는 자연수)라 할 수 있다.

❺ 이것을 단계 ❷의 식에 넣는다.

$$2n^2 = (2k)^2 \Rightarrow 2n^2 = 4k^2 \Rightarrow n^2 = 2k^2$$

❻ 똑같은 논리로 $n^2$은 2의 배수이므로 짝수이며, 자동으로 $n$도 짝수다.

❼ $n$, $m$ 모두가 짝수이므로 약분이 가능하다. 이는 앞에서 전제한 $n$, $m$은 서로소라는 가정과 모순된다.

❽ 결국 $\sqrt{2}$는 유리수가 아니다. 즉 분수로 나타낼 수 없으며, 따라서 유한소수나 순환소수로 나타낼 수도 없다.

전체 수 안에는 자연수를 포함한 유리수만 존재하며 우주의 질서와 조화로움이 이 안에 오롯이 담겨 있다고 생각한 피타고라스학파로서는 유리수가 아니면서 정확히 정할 수도 없는 수가 존재한다는 사실이 커다란 충격이었다. 피타고라스학파는 이처럼 쉽게 존재를 알 수 있지만 정의도 계산도 할 수 없는 수를 '비이성적인$^{irrational}$ 수'로 규정했다. 무리수는 학파의 일원이었던 히파수스가 처음 발견했다고 한다. 학파는 이 사실을 절대 누설하지 말라고 히파수스에게 경고했지만 그는 비밀을 지키지 않았고, 결국 학파에서 쫓겨난 후 바다에 던져져 목숨을 잃었다는 이야기도 전한다. 실제로는 $\sqrt{2}$ 외에도 $\sqrt{3}$, $\sqrt{5}$, $\sqrt{6}$은 물론 원주율 $\pi$와 같은 초월적 무리수를 포함하여 무수히 많은 '비이성적인 수'가 있다는 점도 밝혀졌다. 원래 의미의 '무리수', 즉 '자연수의 비로서 나타낼 수 없는 수'라는 이 수들은 실수 안에서 유리수가 아닌 영역을 차지하고 있다. 이들은 비이성적이기에 절대 존재해서는 안 되는 수가 아니라, 단지 분수로 표기할 수 없고 화음을 만드는 데

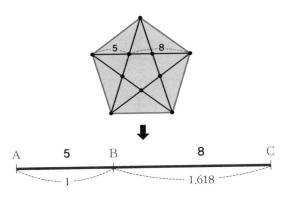

**그림 3 •** 피타고라스학파가 상징으로 삼았던 정오각형 안의 별. 학파 사람들은 수치가 표시된 두 변의 길이의 비가 5:8, 즉 정수의 비라 생각했다. 그러나 실제 비는 1:1.618······로 황금비[golden ratio]이며, 이때 $1.618······ = \frac{1+\sqrt{5}}{2}$ 로 무리수다.

기여하지 않았을 뿐이다.

무리수는 피타고라스 정리 외에 피타고라스학파의 또 다른 영역에도 존재하고 있었다. 학파를 상징한 문양은 잘 알려져 있듯이 오각형 안의 별이다. 피타고라스는 그림 3처럼 오각형 안에 별을 그리면 자연스럽게 나타나는 두 길이 $\overline{AB}$와 $\overline{BC}$의 비를 5:8, 즉 자연수의 비로 생각했다. 그는 이 같은 선분 분할을 가장 아름다운 황금분할로 여겼다. 그런데 실제로 이 비율은 유리수가 아니다. 정확한 비율은 $1:\frac{1+\sqrt{5}}{2} \approx 1:1.618······$로 무리수다. 음악과 관련하여 피타고라스는 유리수를 기초로 화음의 골격을 세워 아름답게 정립했지만, 본래부터 아름답다고 여겼던 황금분할에는 무리수가 들어 있었던 것이다.

유리수와 무리수에 의한 효과의 차이를 분명히 볼 수 있는 사례는 리사주[Lissajous] 곡선이다. 어떤 물체에 그림 4와 같이 수평 및 수직 방향

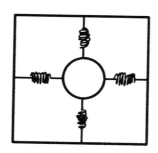

**그림 4 •** 수평 및 수직 방향으로 설치된 용수철에 매달려 운동하는 물체. 각 방향의 용수철의 주파수 비에 따라 물체의 궤적이 정해지며 그 비가 유리수일 때 리사주 곡선이 그려진다.

으로 용수철을 매달아 진동시킬 때 물체의 운동 궤도가 그리는 곡선이다. 여기서 중요한 변수는 수평으로 진동하는 용수철과 수직으로 진동하는 용수철 진동수의 비다. 만일 이 값이 유리수라면(자연수의 비라면) 그림 5처럼 리사주 곡선은 닫힌 형태로 반복되는 문양을 그릴 것이다. 그러나 만일 두 진동수의 비가 유리수가 아니라면 리사주 곡선은 주기적 성질이 사라지면서 정사각형 내부 전체를 가득 채울 것이다. 다시 말해 한 번도 반복되지 않는 무작위적 궤도가 된다. 피타고라스가 음악에 적용한 경우와 동일한 사례다.

**그림 5 •** 수직과 수평 두 방향의 주파수가 정수비일 때 물체는 닫힌 궤적의 리사주 곡선을 그리는 반면 정수비가 아닐 때는 궤적 패턴이 사라지고 전체 평면을 가득 채운다.

## 무리수가 많을까, 유리수가 많을까

이제 함께 실수 전체를 구성하는 유리수와 무리수가 실수 안에서 어떻게 분포하는지 알아보자. 이는 질서를 상징하는 유리수와 무질서로 인식되는 무리수가 어떤 모습으로 실수 전체를 구성하느냐는 흥미로운 문제다. 먼저 기본적인 수의 체계를 정리해보자. 피타고라스학파가 무리수를 발견하고 오랜 세월이 흐른 16세기에 이르러 학자들이 추가로 제곱한 값이 음수가 되는 허수虛數, imaginary number를 도입했다. 제곱한 값이 양수가 되는 실제의 수인 실수實數, real number와 달리 허수는 상상의 수로 불리지만 여러 영역에서 유용하게 쓰인다. 이로써 수 전체의 구성이 완전히 정해졌다. 아래 도표에서 알 수 있듯이 가장 의미가 넓은 수를 복소수complex number라 한다. 복소수는 실수와 허수가 결합하여 만들어진다. 그중 실수는 유리수와 무리수로 이루어지고, 유리수는 정수와 정수 아닌 유리수(분수)로 이루어지며, 정수는 0과 양의 정수(자연수), 그리고 음의 정수로 이루어진다. 수학은 수의 구성이 체계화되면서 커다란 변화를 겪으며 오늘에 이르렀다.

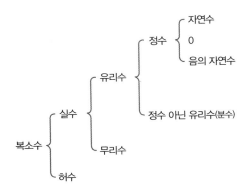

피타고라스 이후 가장 중요한 수학적 발명은 미분과 적분이라 할 수 있다. 오래전 아르키메데스가 원의 넓이를 구할 때 생각한 '무한히 작은 조각'에서 기원을 찾을 수 있으며 17세기 아이작 뉴턴과 고트프리트 빌헬름 라이프니츠(1646~1716)가 독립적으로 창안한 이 심오한 방식은 세상을 뒤바꿨다. 이를 통해 운동 법칙이 모습을 드러낼 수 있었기 때문이다. 1687년 뉴턴은 인류 역사상 가장 중요한 저서로 꼽히는 《자연철학의 수학적 원리》를 통해 미적분을 이용한 운동 법칙을 제시했다. 이 책에 만유인력 법칙도 함께 제시했다. 인간은 뉴턴의 운동 법칙을 통해 무한히 짧은 시간 변화에 따른 위치와 속도의 변화(미분)들을 모두 합하여(적분) 미래의 위치와 속도를 얻음으로써 모든 운동을 정확히 예측할 수 있게 되었다.

그런데 미적분법의 '무한히 작다'는 의미는 실제 세계에서 구현할 수 없는 무척 이상한 설정이다. 무한히 작은 수란 그 어떤 수보다 작지만 0이 아닌 수다. 수의 연속성을 전제로 하기 때문에 자연수나 정수의 세계에서는 생각할 수 없다. 그럼 유리수 안에서는 가능할까? 유리수가 연속적인지를 묻는 것과 같은 질문이다. 실제로 유리수는 연속적이지 않다. 0과 1 사이에는 무수히 많은 유리수가 존재하지만, 무한히 많은 무리수도 존재한다. 그러므로 유리수 사이사이에 무리수가 있고, 무리수 사이사이에 유리수가 존재하게 된다. 따라서 미래를 정확히 알려주는 자연 질서라 할 수 있는 운동 법칙은 유리수와 무리수를 합한 실수의 영역에서만 의미가 있다. 질서와 조화의 수인 유리수만으로는 정확한 법칙을 이끌어낼 수 없다.

그렇다면 유리수와 무리수의 분포는 어떻게 다를까? 무척 어려운 문제인 듯하다. 두 경우 모두 연속적이지는 않지만 무한히 많기 때문에 조밀할 것이다. 유리수가 조밀하다는 말은 어떤 유리수 $a$와 그보다 큰 유리수 $b$ 사이에는 언제나 또 다른 유리수 $c$가 존재한다는 의미다. $a$와 $b$의 차이가 아무리 작아도 그 사이에는 반드시 다른 유리수 $c$가 있다는 뜻이다. 그렇다면 유리수가 어느 한 점도 빠짐없이 연속적으로 이어져 있어야 하지 않을까? 그런데 그렇지 않다. 무리수가 있기 때문이다. 이러한 상황은 무리수의 조밀함에도 그대로 적용된다. 유리수와 무리수의 성질은 조밀하지만 연속적이지는 않다. 그러나 실수는 조밀하면서 연속적이다. 0과 1 사이의 모든 점은 유리수 아니면 무리수로 채워져 있기 때문이다. 머릿속으로 떠올리기가 매우 어려운 문제다. 유리수든 무리수든 개수가 무한히 많기 때문이다. 물론 개수가 유한하다면 조밀함이나 연속성을 생각할 필요도 없을 것이다.

이 난제에 도전하여 위대한 결과를 내놓은 수학자가 19세기 말에 등장했다. 바로 게오르크 칸토어(1845~1918)다. 그가 남긴 "수학의 본질은 자유에 있다"라는 명언을 들어보았을 것이다. 이 말대로 자유로운 상상력으로 무한이라는 신의 영역에 도전한 칸토어는 그 비밀을 발견했다. 그러나 그의 노력과 결실은 다른 수학자들의 비난을 받았고, 결국 그는 정신병원에서 눈을 감는 비운을 맞이했다. 그가 활동하던 시대의 수학자들은 기하학, 해석학 등에서 문제점을 검토하여 수학 체계에 아무런 모순이 없는 완전한 논리를 세우고자 했다. 그들의 검토 대상에는 무한이라는 폭발력 있는 주제도 포함되었다. 그런데 무한 자체를 부정하고 "신은 자연수를 만들었다. 이외의 것은 모두 인간이 만든 것이다"라고 주장한 수학자 레오폴트 크로네커(1823~1891)는 무한의 문제에 도전한 칸토어에 반대해 그가 베를린대학교 교수가 되지 못하게 하고 논문이 수학 잡지에 실리는 것도 막았다고 한다. 물리학자들 사이에서 너무도 유명한 크로네커가 이런 짓을 했다니!

칸토어가 주목한 문제는 자연수, 정수, 유리수, 무리수, 실수의 개수를 비교하고 검토하는 것이었다. 그는 비교를 위해 집합 개념을 도입하여 각각의 수를 묶었다. 자연수 집합, 정수 집합, 실수 집합 등이었다. 이로써 칸토어는 현대 집합론의 창시자가 된다. 그런데 수 집합들을 비교한다고? 언뜻 보기에 너무 단순하다. 자연수는 유리수에 포함되고, 유리수와 무리수는 실수에 포함되지 않는가? 따라서 집합의 개수로 보면 자연수가 가장 작고, 정수, 유리수와 무리수, 실수 순서로 많아질 것이다. 그러나 문제는 그리 단순하지 않다. 개수가 무한히 많기 때문이다. 자연수도, 실수도 무한히 많다. 이때 어느 것이 더 많은지 비교하기는 불가능해 보인다.

일단 자연수 집합과 정수 집합을 비교해보자. 자연수는 정수에 포함되니 정수가 더 많다고 단정해서는 안 된다. 다른 방식을 생각해봐야 한다. 자연수와 정수를 일렬로 세우고 빠짐없이 하나하나 일대일 대응시킬 때 어느 한쪽이 남으면 그쪽이 더 많다고 할 수 있을 것이다.

| 자연수 | 1 | 2 | 3 | 4 | 5 | 6 | 7 | 8 | 9 | …… |
|--------|---|---|----|---|----|---|----|---|----|----|
| 정수 | 0 | 1 | -1 | 2 | -2 | 3 | -3 | 4 | -4 | …… |

표에서 알 수 있듯이 자연수와 정수는 빠짐없이 일대일로 대응한다. 이처럼 개수가 무한히 많더라도 그 원소들을 일렬로 배열하여 헤아릴 수 있으면 두 집합은 개수가 같다. 자연수와 짝수의 경우도 마찬가지다. 아래 표를 보자.

| 자연수 | 1 | 2 | 3 | 4 | 5 | 6 | …… |
|--------|---|---|---|---|----|----|----|
| 짝수 | 2 | 4 | 6 | 8 | 10 | 12 | …… |

따라서 자연수 집합의 개수와 짝수 집합의 개수는 같다. 이와 관련하여 재미있는 문제가 있다.

방이 무한히 많은 호텔이 있는데, 어느 날 밤 모든 방에 손님이 있었다고 가정해보자. 따라서 무한히 많은 손님이 묵고 있었다. 그런데 난감하게도 또 한 번 무한히 많은 손님이 찾아왔다. 손님들을 돌려보내지 않으려면 어떻게 해야 할까? 무척 이상한 문제 같을 것이다. 무한의 세계에서만 가능한 문제다. 답은 이미 묵고 있는 손님들에게 방번호의 2배가 되는 방으로 옮겨달라고 부탁하면 된다. 이들이 순순히 이동한다면 짝수 방만 손님이 있고 홀수 방은 모두 비므로 새 손님들을 홀수 방으로 안내하면 된다. 이렇게 하면 무한히 많은 손님이 더 찾아와도 모두 수용할 수 있다. 호텔 방의 수가 무한대이기 때문이다.

칸토어는 개수가 무한히 많기 때문에 개수 대신 '농도'라는 용어를 사용하고 그 값을 히브리어 알파벳의 첫 글자 알레프$\aleph$로 나타냈다. 즉 짝수 집합과 자연수 집합, 그리고 정수 집합의 농도는 모두 같다. 이들의 농도가 가능한 무한 가운데 가장 작으므로 $\aleph_0$로 쓰고 알레프 제로라 읽는다. 일반적 상식과는 많이 다르다. 앞에서도 이야기했듯이 수의 세계는 우리의 일상 세계와 다른 관념의 세계다. 그 세계는 우리의 생각 속에 존재한다. 현실에서는 도달할 수 없는 이상적 세계이니 상식에서 벗어나는 것이 당연하다.

다음으로 유리수 집합을 생각해보자. 사실 유리수는 개수가 무한히 많다는 점이 자연수와 같지만 또 다른 한편으로는 매우 다르다. 중

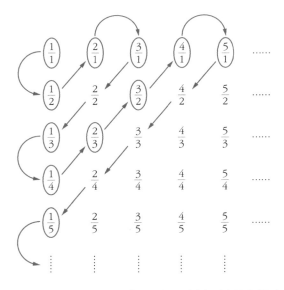

**그림 6 •** 유리수를 빠짐없이 나열하면 화살표 방향으로 번호를 매길 수 있다. 즉 유리수와 자연수는 농도가 서로 같다. 원 안의 숫자들은 중복되지 않는 유리수들이다.

요한 차이는 자연수는 조밀하지 않지만 유리수는 조밀하다는 것이다. 아무리 가까운 유리수라 해도 그 사이에는 반드시 다른 유리수가 존재하기 때문에 조밀하다. 그러면 유리수의 농도가 훨씬 높지 않을까? 조밀하지 않은 자연수와 조밀한 유리수의 농도는 분명히 다를 것 같다. 그러나 그렇지 않다. 결론부터 말하면 자연수와 유리수의 농도는 같다. 어떻게 그럴 수 있을까? 만약 유리수를 하나도 빠짐없이 순서대로 나열할 수 있다면 이는 자연수로 번호를 매길 수 있다는 뜻이므로 두 농도가 같아질 수 있다. 실제로 그림 6과 같이 동그라미를 표기한 유리수를 화살표 방향으로 따라가면 하나도 빠짐없이 나열할 수 있다. 따라서 자연수 집합과 유리수 집합의 농도는 같다($\aleph_0$).

## 실수 속 무리수의 역할

이제 유리수와 무리수를 포함하는 실수를 살펴보자. 실수도 유리수처럼 자연수와 농도와 같을까? 역시 실수를 자연수와 일대일 대응시킬 수 있는지 여부에 따라 결과가 달라진다. 또한 빠짐없이 나열하여 번호를 매길 수 있는지 여부에 따라서도 달라진다. 여기서 유명한 칸토어의 '대각선 논법'이 등장한다. 매우 거창해 보일 수 있지만 알고 보면 간단하다.

이제 모든 실수를 자연수와 정확히 일대일 대응시킬 수 있다고 가정해보자. 간단하게 0과 1 사이에 있는 실수만 생각해보자. 그것으로도 충분하기 때문이다. 예를 들어 다음 표와 같이 일대일 대응시켰다고 해보자.

| 자연수 | 실수 |
|---|---|
| 1 | 0.38642…… |
| 2 | 0.24753…… |
| 3 | 0.75726…… |
| 4 | 0.56918…… |
| 5 | 0.14962…… |
| …… | …… |

여기서 대각선에 해당하는 수에 주목하자. 자연수 1에 대응하는 실수의 소수점 첫 번째 자리인 3, 자연수 2에 대응하는 실수의 소수점 두 번째 자리인 4, 자연수 3에 대응하는 소수점 세 번째 자리인 7, 자연수 4에 대응하는 소수점 네 번째 자리인 1, 자연수 5에 해당하는 소수점 다섯 번째 자리인 2 등이다. 이렇게 해서 무한히 긴 소수 0.34712……를 만들 수 있다. 여기서 각 소수점 자리의 값에 모두 1을 더해주면 실수 0.45823……이 된다. 이 수는 표에 무한히 나열된 어느 수와도 같지 않은 새로운 실수다.

이 수는 첫 번째 실수와는 첫째 자리가 다르고, 두 번째 실수와는 둘째 자리가 다르다. 자연수와 일대일 대응시키고 남는 실수다. 이처럼 남는 실수는 어느 정도나 될까? 표에서처럼 대각선으로 구성된 실수에 1을 동일하게 더해주는 대신 무한히 많은 방법으로 변화시킬 수 있다. 그 결과 생성된 실수는 이전과는 다른 새로운 실수들이다. 결론적으로 실수를 자연수와 일대일 대응시킬 수 있다는 전제가 맞지 않게 된다. 다시 말하면 실수 집합의 농도는 자연수 집합의 농도와 다르다. 물론 유리수와도 다르다. 같은 무한집합이라도 유리수는 번호를 붙여 헤아릴 수 있는 무한집합이지만, 실수는 헤아릴 수 없는 무한 집합이다. 모두 조밀하지만 실수 집합의 조밀함은 유리수 집합의 조밀함과는 다르다. 그리고 실수 집합은 연속이면서 헤아릴 수 없는 무한집합이다. 따라서 연속체인 실수의 농도는 다른 수 집합의 농도와 근본적으로 다르다. 칸토어처럼 실수의 농도를 알레프로 나타내면 $\aleph > \aleph_0$가 된다. 여기서 한 가지 증명할 수 없는 가설이 남는다. $\aleph_0$보다는 크고 $\aleph$보다는 작은 중간값의 농도를 갖는 무한집합이 존재하느냐는 것이었다. 그렇지 않다는 주장이 이른바 '연속체 가설'이다. 말 그대로 증명되지 않았기 때문에 가설로 남아 있었다. 훗날 쿠르트 괴델(1906~1978)이라는 수학자가 증명하는 데 성공했다.

연속성 있는 실수 집합은 모습이 매우 독특하다. 잠시 간단한 기하학으로 넘어가보자. 선분은 무한히 많은 점의 연속으로 이루어져 있

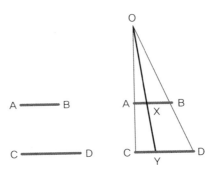

**그림 7 •** 한 점 O에서 두 선분 $\overline{AB}$, $\overline{CD}$를 지나는 선을 그을 때 선분 $\overline{AB}$ 위의 점 X에 대응하는 선분 $\overline{CD}$ 위의 점 Y는 항상 존재한다. 즉 두 선분 $\overline{AB}$, $\overline{CD}$를 이루는 점의 수는 같다.

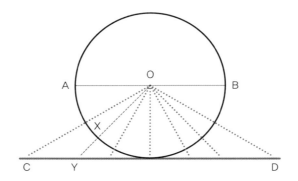

**그림 8 •** 원의 중심 O에서 무한히 긴 직선 $\overline{CD}$에 선을 그을 때 원 위의 점 X에 대응하는 직선 $\overline{CD}$ 위의 점 Y는 항상 존재한다. 즉 반원 $\overline{AB}$와 직선 $\overline{CD}$를 이루는 점의 수는 같다.

다. 그리고 모든 점은 실수와 대응시킬 수 있다. 예를 들어 길이가 다른 두 선분 $\overline{AB}$, $\overline{CD}$가 있다고 하자(그림 7). 바깥의 한 점 O에서 두 선분을 지나는 직선을 그을 때 점 X와 Y에서 각 선분과 만나게 된다. 즉 선분 $\overline{AB}$ 위의 점 X에 대응하는 선분 $\overline{CD}$ 위의 점 Y는 언제나 존재한다. 따라서 두 선분은 같은 수의 점을 가진다. 길이가 짧은 길든 선분의 점의 수는 같다.

또 다른 경우도 있다. 그림 8처럼 점선들을 그을 때 앞의 두 선분의 경우와 같은 원리로 반원과 무한히 긴 직선을 이루는 점의 개수도 같다. 모든 곡선과 직선의 관계도 점의 수와 관련하여 동일하다. 이 경우를 좁쌀 한 알에도 우주가 들어 있다고 표현할 수 있지 않을까?

지금까지 실수의 농도와 연속성을 살펴보았다. 따라서 무리수에 관해서는 저절로 유추할 수 있다. 실수는 유리수와 무리수의 합집합이다. 유리수는 조밀하지만 헤아릴 수 있는 집합이다. 그런데 실수는 연속이며 헤아릴 수 없는 집합이므로 나머지를 차지하는 무리수는 결국 헤아릴 수 없는 무한집합이어야 한다. 실수의 가장 중요한 특성인 연속성은 유리수와 무리수가 합쳐져 만들어지고, 실수가 헤아릴 수 없는 무한집합이 될 수 있는 이유는 유리수가 아닌 무리수가 역할을 하기 때문이다.

이제 베일에 싸여 있던 수 집합들의 진면모가 드러났다. 자연수와 유리수는 무리수라는 헤아릴 수 없는 혼돈의 바다 위 곳곳에 떠 있는 질서의 섬이다. 피타고라스는 섬들만 보았을 뿐 그 밑의 바다를 보지 못했다. 질서와 조화의 이상향이라 여겼던 수의 세계에서 무리수라는 혼돈의 바다가 질서라는 유리수를 떠받치고 있는 것이다. 이야기는 아직 끝나지 않았다. 칸토어는 수 집합들의 구체적 모습을 명확히 했고, 그가 창시한 집합론은 수체계를 넘어 수학의 다른 영역들로 확장되어갔다. 다른 말로 하면 수학의 모든 영역이 구조적으로 수체계, 특히 연속성을 지닌 실수 체계로 환원될 수 있었다.

## 완전을 꿈꾸지만 불완전한 수학 체계

앞에서 이야기했듯이 칸토어 이후 다비트 힐베르트(1862~1943)를 비롯한 수학자들은 모순이 없는 수학 형식 체계를 세우기 위해 노력했다. 이른바 통일된 하나의 수학 체계를 만들고 싶었기 때문이다. 알베르트 아인슈타인(1879~1955)을 비롯한 물리학자들이 모든 힘을 통합한 통일장이론을 찾으려 한 것과 비슷하다. 이때 칸토어가 만들어 준 집합론이 매우 중요한 역할을 했다. 힐베르트는 한술 더 떠 칸토어가 낙원을 만들어주었다고 했다. 그러나 모순이 없는 완전한 수학 체계를 세우려는 노력은 가시밭길이었다. 집합론 안에서뿐만 아니라 여기저기서 풀기 힘든 역설들이 등장했기 때문이다. 집합론에서는 '$M$이라는 집합이 자기 자신을 원소로 갖지 않는 집합이라 할 때, 그 집합 $M$은 $M$에 포함되는가?'라는 질문에서 발생한다. 포함된다면 $M$은 자기 자신을 원소로 갖는 집합이 되기 때문에 처음 가정과 모순되므로 포함되지 않아야 한다. 한편 포함되지 않는다면 $M$이 자신을 원소로 갖지 않는 집합이 되므로 $M$에 포함되어야 한다. 이렇게 해도 모순이고 저렇게 해도 모순이다.

비슷하지만 더 잘 알려진 예는 '거짓말쟁이 역설'[8]이다. 크레타인 에피메니데스가 "모든 크레타인은 거짓말쟁이다"라고 말했다고 한다. 이 말이 맞다면 에피메니데스도 크레타인이기 때문에 이 말은 거짓이다. 반면 이 말이 거짓이라면 크레타인은 거짓말쟁이라는 말이 참이 되므로 이 말도 참이 된다. '이발사의 역설'도 있다. 어느 날 이발사가 "나는 스스로 면도하지 않는 사람들만 면도해드립니다"라고 했는데, 이 말을 이발사 본인에게 적용하면 모순이 발생한다. 이발사가 스스로 면도하지 않는 사람이라면 그의 말대로 면도해주어야 한다. 즉 스스로 면도해야 한다. 반면 이발사가 스스로 면도하는 사람이라면 그 말대로 면도해주면 안 된다. 따라서 스스로 면도하면 안 된다. 이처럼 모든 역설은 그것을 스스로에게 적용할 때 발생한다.

---

8 야마오카 에쓰로, 《거짓말쟁이의 역설》(안소현 옮김, 영림카디널, 2004).

힐베르트는 수학의 기본 공리 체계를 잘 설계하여 모순이 발생하지 않도록 기초를 다지고 싶어 했다. 그의 시도를 '힐베르트 프로그램'이라 부르기도 한다. 이 시도가 성공했을까? 20세기를 대표하는 수학자로 꼽히는 괴델이 그 꿈을 무참히 깨고 말았다. 1931년 26세의 괴델은 '불완전성의 원리'를 발표했다. 1과 2로 나뉜 이 원리의 결론을 간단히 말하면 '어떠한 수학적 형식 체계에서도 그 체계 안의 방식으로 체계에 모순이 없음을 증명할 수 없다'라는 좀 어려운 내용이다. 대표적 사례 중 하나는 앞에서 말한 거짓말쟁이 역설이다. 수학자들은, 어떠한 체계에서도 그러하므로 자연수, 실수 같은 집합 체계에서도 모순이 없음을 증명할 수 없고, 따라서 확실하고 완전한 듯한 수체계도 실제로는 그렇지 않음을 깨달았다. 결국 힐베르트가 시도했던 수학 체계가 불가능하다는 의미였다. 모든 수학 영역을 모순이 없고 완전한 하나의 체계로 통합할 수 없다는 말이기도 하다.

괴델의 원리는 1926년 물리학자 베르너 하이젠베르크(1901~1976)가 불확정성의 원리를 발표한 지 얼마 지나지 않아 제시되었다. 하이젠베르크의 불확정성의 원리는 세계를 완전히 결정할 수 있을 것이라고 여겼던 고전물리학을 무참히 붕괴시켰다. 운동을 예측하는 핵심 물리량인 위치와 운동량을 동시에 정확히 측정하는 것은 근본적으로 불가능하다는 이 원리에 따르면 인간이 자연을 인식하고 측정하는 데는 피할 수 없는 한계가 있다. 그럼에도 우리는 미시 세계를 조금씩 이해하기 시작했고, 그 결과물이 20세기 문명이다. 근원적 한계를 토대로 형성된 양자역학은 뒤에서 이야기하겠다.

지금까지 살펴본 대로 수학은 피타고라스가 찾고자 했던 세계의 모습만을 담고 있지는 않다. 질서와 조화를 상징하는 유리수와 더불어 불협화음을 떠올리게 하는 무리수가 배후에 무한히 깔려 있다. 더 나아가 어느 수체계도 스스로 모순이 없음을 입증할 수 없는 불완전한 체계다. 그러나 수학은 여전히 자연을 이해하는 가장 중요한 도구다. 규칙적 운동이라 하더라도 자연수나 유리수만으로는 관련 법칙을 끌어낼 수 없다. 운동 법칙은 무한히 작음을 인정하는 미분 형식으로 표현해야 하기 때문이다. 실수의 연속성을 가능하게 하는 무리수의 존재가 중요한 이유다. 이제 기존의 유리수에 근거한 조화의 의미를 바꿔야 하지 않을까? 무리수 없는 실수는 의미가 없고, 실수가 아니고서는 자연을 정확히 담아낼 수 없기 때문이다.[9] 무리수라는 바다와 유리수라는 섬이 어우러져 실수 집합을 만들어내듯, 우주는 무질서한 혼돈의 바다 위에 규칙적이고 조화로운 질서가 드러나는 곳이다. 우리 세계는 이 모순 때문에 더 아름답고 살 만한 곳 아닐까?[10]

9 현대 과학에는 허수 $i$도 무척 필요한 수다. 자연을 담기 위해서는 복소수, 즉 수 전체가 필요하다.
10 이 장의 내용을 포함한 수학의 여러 본질적 내용에 관심 있다면 이진경의 《수학의 몽상》(푸른숲, 2000)을 참조하기 바란다.

2장

양자역학—새로운 물결

양자역학—새로운 물결

참자아는 움직이지 않으면서 동시에 움직인다.

그는 물러서 있으면서 동시에 가장 가까이에 있다.

그는 모든 존재 안에 있으면서 동시에 모든 존재의 밖에 있다.

—《우파니샤드》 중 〈이샤 우파니샤드〉 5장

결과론적 이야기이지만 19세기 말은 서양 과학자들이 뉴턴 물리학을 진정으로 완성한 시기인 동시에 커다란 혁명의 파도를 준비한 시기이기도 하다. 이미 문화, 예술 등의 다른 정신적 활동 영역에서는 많은 이가 기존의 정형화한 방식으로부터 벗어나려 시도하고 있었다. 과학에서도 산업혁명으로 이룩한 기술 발전을 통해 인간의 탐구 영역이 크게 넓어졌다. 대표적 사례 중 하나는 진공 기술 발달이다. 정밀한 진공 장치들을 만들 수 있었기 때문에 물리 법칙을 정확히 검증하고 나아가 새로운 발견들을 이어갈 수 있었다. 1897년 음전기를 가진 전자를 발견한 조지프 톰슨(1856~1940)은 이것이 원자로부터 떨어져 나왔다고 보고 원자 모형을 제시했다. 엑스선이나 방사능도 비슷한 시기에 발견되었다. 20세기는 그동안 과학자들이 들여다본 적 없었던 원자 영역에 대한 본격 탐구로 시작되었다고 해도 과언이 아니다. 물론 물리학자들은 뉴턴 물리학의 모든 것이 미시 세계에도 그대로 적용될 것이라고 믿었다.

그러나 모든 것이 바뀌어버렸다. 원자 수준의 미시 세계는 뉴턴 물리학을 따르지 않았고, 과학자들은 예상치 못한 혼란과 뜨거운 논쟁 속에서 치열한 혁명기를 맞이했다. 그 과정에서 만들어진 결과물이 바로 양자역학이다. 양자역학은 과학이 시작된 이후 가장 기괴하고 와닿지 않으면서도 가장 성공적인 이론이라 할 수 있다. 같은 시기에 등장한 알베르트 아인슈타인이라는 걸출한 천재가 빛의 속도는 누구에게나 절대적이라는 가정 아래 상대성이론을 통해 시간의 상대성 같은 낯선 주장을 쏟아내 뉴턴 물리학을 대대적으로 수정했지만 이 정도는 양자역학의 기괴함에 비할 바가 아니다. 양자역학은 사람들이 당연하다고 여겼던 과학의 전제들뿐 아니라 물질이 존재하는 방식과 인간이 물질을 인식하는 과정에 대해 전혀 다른 이야기를 내놓았기 때문이다.

그중 가장 중요한 결론은 확률, 즉 우연이 미시 세계에 깊이 개입한다는 것이다. 닐스 보어(1885~1962)를 중심으로 양자혁명을 이끈 주역들의 '코펜하겐 해석'에 따라 제시되었다. 세계는 언제나 질서정연하고 예측 가능하며 이미 결정되어 있다는 뉴턴 물리학의 관점을 송두리째 뒤엎는 결론이었다. 양자역학에 따르면 우리 세계는 거시적으로는 질서정연하고 예측 가능하지만, 세계를 구성하는 기본 물질들은 결정론이 아니라 확률의 법칙에 따라 행동한다. 우연성에 바탕한 질서, 이것이 우리 세계의 모습이라고 양자역학은 말하고 있다.

그러나 현재까지도 모두가 코펜하겐 해석을 받아들이는 것은 아니라는 점도 고려해야 한다. 아인슈타인도 "신은 주사위 놀이를 하지 않는다"라고 주장하며 강력히 반대했다. 해석이니만큼 이후 훨씬 명확한 대안이 나올 가능성도 있지만 뉴턴 물리학의 세계관으로 돌아가지는 않을 것이다. 이 장에서는 우연성이 미시 세계에 개입하는 방식에 관한 상징적 실험인 '이중슬릿에 의한 간섭 실험'과 원자 모형을 자세히 알아보고, 코펜하겐 해석에 반대한 아인슈타인 등의 주장과 논쟁의 흐름을 살펴볼 것이다.

## 빛은 파동이다

물질세계를 연구하는 물리학은 변화의 법칙을 찾으려 한다. 물질에는 다양한 대상이 있지만 크게 두 가지로 나눌 수 있다. '입자'와 '파동'이다. 입자는 질량과 형태가 있으며 그 질량중심으로 위치를 정할 수 있다. 태양을 도는 행성이나 포물선을 그리며 날아가는 공 등은 입자로 간주할 수 있다. 반면 파동은 다르다. 음파가 한 위치에 고정되어 있지 않고 공기 분자의 진동이 모든 공간으로 퍼지듯, 파동은 어떤 원천으로부터 퍼져 나가므로 그 위치를 정할 수 없다. 따라서 모든 곳에 있다고 해야 할 것이다. 이처럼 입자와 파동은 특성이 전혀 다르기 때문에 입자에 속하는 대상과 파동에 속하는 대상을 쉽게 구분할 수 있다.

하지만 빛은 정체성이 분명하지 않았다. 뉴턴은 빛을 무수히 많은 입자의 흐름으로 보았고, 크리스티안 하위헌스(1629~1695)는 파동 현상으로 보았다. 이 논란은 1800년 물리학자이자 의사 토머스 영(1773

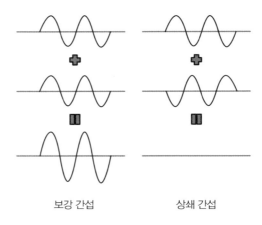

보강 간섭         상쇄 간섭

**그림 1** • 간섭의 두 가지 종류. 위상이 서로 같을 때 보강 간섭, 위상이 반대일 때 상쇄 간섭이라 한다.

~1829)이 등장하기 전까지 계속되었다. 1800년 영은 완벽한 방법으로 빛이 파동임을 입증했다. 바로 이중슬릿에 의한 간섭 실험이다. 매우 간단한 실험이므로 고등학교나 대학교 실험실에서도 쉽게 재현할 수 있다.

이 실험을 이해하기 위해서는 입자와 파동의 또 다른 차이를 생각해야 한다. 서로 다른 두 입자가 운동 중에 만나는 현상을 충돌이라 한다. 입자가 충돌하면 방향이 바뀌기도 하고, 두 입자가 합쳐져 운동하기도 한다. 반면 두 파동이 만나면 파동의 위상phase[11]에 따라 증폭되기도 하고 소멸하기도 하는 특별한 현상이 발생한다. 이를 간섭 interference이라고 부른다. 그림 1의 왼쪽과 같이 두 파동이 같은 위상으

---

11 골과 마루가 반복되는 파동이 어느 한순간에 갖는 위치를 뜻한다. 그림 1의 왼쪽은 두 파동의 위상이 같고, 오른쪽은 정반대다.

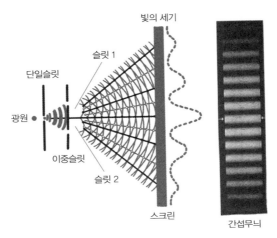

**그림 2** • 토머스 영의 이중슬릿에 의한 간섭 실험 장치와 스크린에 나타나는 간섭무늬. 빛이 파동임을 입증한 결정적 실험이다.

로 만나면 파동이 증폭되며, 이를 보강 간섭이라고 한다. 서로 반대 위상으로 만나면 파동이 소멸되며, 이를 상쇄 간섭이라 부른다. 결론적으로 입자는 충돌하고 파동은 간섭하므로 두 대상은 전혀 다르다.

영의 실험 장치는 그림 2와 같다. 하나의 광원에서 나온 단색광이 두 개의 슬릿을 통과한 후 스크린에 만드는 패턴을 관찰하는 간단한 실험이다. 점선으로 표시한 그래프는 스크린의 각 지점에 나타난 빛의 세기이고, 맨 오른쪽의 무늬는 실제 간섭무늬다.

두 슬릿을 통과한 빛이 만나는 과정에서 간섭이 일어난다. 위상이 같은 상태로 만나는 속이 찬 점들에서는 보강 간섭이, 반대 위상의 상태로 만나는 속이 빈 점들에서는 상쇄 간섭이 일어난다. 그 결과 보강 간섭의 위치에는 밝은 무늬가, 상쇄 간섭의 위치에는 어두운 무늬가 나타난다. 이처럼 이중슬릿 장치에 빛을 비출 때 스크린에 간섭무늬가 나타났다면 빛은 입자가 아닌 파동임이 분명하다. 빛이 입자들의 흐름일 뿐이라면 슬릿을 통과한 빛 입자들은 두 지점에만 도달할 수 있으므로 스크린 두 곳에만 밝은 무늬가 나타났을 것이다. 이처럼 어느 물리적 대상이 파동임을 입증하는 결정적 증거를 제공한 이중슬릿 실험은 양자역학이 태동하던 시기에 중요한 역할을 했다.

## 파동이면서 입자인 빛과 물질의 이중성

이로써 빛의 파동성을 입증했지만 20세기 벽두부터 빛의 정체성 문제가 다시 떠올랐다. 뜨거운 물체로부터 나오는 빛의 스펙트럼을 측정한 실험 결과를 설명하기 위해 막스 플랑크(1858~1947)는 빛이 주파수에 비례하는 기본 에너지 $E = h\nu$의 정수배인 불연속적 에너지 덩어리 형태로 방출되어야 함을 보이며 빛의 입자성을 암시하는 이론을 제시했다. 이때 $\nu$는 빛의 주파수로 보라색의 값이 빨간색의 값보다 크다. 플랑크의 이름을 따 플랑크상수라고 부르는 $h$는 그 값이 약 $6.6 \times 10^{-34}$Js로 매우 작다. 그러나 이 상수는 양자역학에서 매우 중요하다. 이처럼 어느 물리량이 불연속적인 값으로만 존재하는 상황을 양자화quantized되어 있다고 말한다. 양자역학quantum mechanics이라는 명칭은 여기서 유래했다. 실로 플랑크는 양자역학의 선구자인 셈이다.

플랑크가 이론을 제시한 지 5년 후 아인슈타인은 광전효과 실험 결과를 설명하기 위해서는 빛이 입자로 행동해야 하며, 이때 빛 입자의 에너지는 플랑크의 경우처럼 주파수에 비례하는 값으로 주어진다고 주장했다. 아인슈타인은 빛 입자를 광양자 또는 광자photon로 불렀다. 이미 이중슬릿 실험으로 빛이 파동임이 입증되었는데 입자로서도 행동한다는 것은 양립할 수 없는 두 정체성 모두를 갖고 있다는 의미였다.

1923년 프랑스 물리학자 루이 드브로이(1892~1987)는 빛뿐만 아니라 입자임이 분명한 미시적 물질들이 파동성도 가질 수 있다고 자신의 박사학위 논문에서 주장하고 물질파라고 불렀다. 이 파동의 파장은 입자로서의 물질의 운동량과 비례한다.

$$\lambda = \frac{h}{p}$$

$p$는 입자의 운동량을 의미한다. 여기서 플랑크상수 $h$가 다시 등장한다. 이 주장이 사실이라면 미시 세계는 우리에게 익숙한 세상과 달리 파동과 입자가 뒤섞인 기묘하고 이해 불가한 세상이 된다. 모든 미시 존재가 양립할 수 없는 파동과 입자의 성질을 가지고 있기 때문이다.

## 전자를 이용한 이중슬릿 실험

입자임이 분명한 물질이 파동성도 지닌다는 것을 어떻게 확인할 수 있을까? 당연히 이중슬릿 실험을 해보면 된다. 원자를 구성하는 핵심 입자인 전자가 파동성을 갖는지 알아보자. 빛에 관한 실험과 똑같이 이중슬릿을 설치하고 전자총을 쏜 후 슬릿을 통과한 전자들이

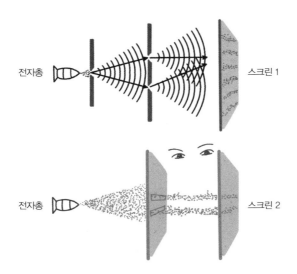

**그림 3** • 전자가 파동이라면 스크린 1에 간섭무늬가 나타날 것이다. 전자가 입자라면 스크린 2에 두 줄만 나타날 것이다. 사람의 눈은 전자의 위치를 관측했다는 의미다.

반대편 스크린에 도달하는 위치를 관찰하면 전자가 입자인지 파동인지 구분할 수 있다. 그림 3의 위쪽처럼 전자가 파동이라면 빛으로 한 실험에서처럼 스크린에 간섭무늬를 만들 것이고, 입자일 뿐이라면 스크린에 두 줄만 나타날 것이다.

실험 결과는 어떠했을까? 드브로이의 주장대로 전자는 파동처럼 행동했고 간섭무늬를 만들어냈다. 전자는 분명 파동이었다. 그럼 전자는 파동처럼 두 슬릿을 동시에 통과했을까? 전자는 질량이 있으며 원자를 구성하는 입자인 것도 분명하다. 이제 이중슬릿 실험을 통해 코펜하겐 해석을 알아보자. 사실 이 간단한 실험에 양자역학의 핵심 모두가 들어 있다.

간섭무늬에도 불구하고 전자는 입자이기도 하기 때문에 개별 전자의 위치를 관측할 수 있을 것이다. 여기서 전자가 두 슬릿 중 어느 슬릿을 통과하는지 관측하면 전자의 입자성을 확인할 수 있다. 두 슬릿 중 하나에 전자를 관측하는 장치를 설치하면 모든 전자가 각각 어떤 슬릿을 통과했는지 알 수 있다. 과학자들은 이를 통해 입자성을 확인하고 간섭무늬로 파동성을 확인할 수 있을 거라고 예상했지만, 관측 장치를 켜는 순간 놀랍게도 스크린에 만들어졌던 간섭무늬가 감쪽같이 사라지면서 입자들이 슬릿을 통과한 후 그리는 두 줄만 나타났다. 반면 관측 장치를 제거하면 전자들이 슬릿을 어떻게 통과했는지 알 수 없게 되고(입자성을 확인할 수 없게 되고) 스크린에는 간섭무늬가 나타난다. 전자 위치를 관측하면 입자처럼, 관측하지 않으면 파동처럼 행동한다. 마치 관측이라는 행위가 전자의 정체성을 바꾸는 듯한 기괴한 일이었다.

전자가 개별적으로 파동처럼 행동하는지를 명확히 밝히기 위해서는 한꺼번에 수많은 전자를 쏘기보다 하나씩 쏠 필요가 있다. 동시에 많은 전자가 움직이면 이들의 상호작용과 예측 불가능한 충돌 때문에 파동처럼 움직일 수도 있기 때문이다. 그럼 전자를 하나씩 쏘면 어떤 결과가 나올까? 첫 번째로 슬릿을 통과한 전자는 스크린의 한 지점에 찍힌다. 두 번째 전자도 마찬가지고, 이후 전자들이 슬릿을 통과함에 따라 스크린의 점들은 계속 많아진다. 시간이 충분히 지난 후 스크린을 보면 간섭무늬가 나타난다. 개별 전자가 파동처럼 행동했다는 의미다. 만약 전자가 입자라면 간섭무늬가 아닌 두 줄무늬만 나타날 것이기 때문이다. 그렇다고 해서 전자 하나가 순식간에 실제의 파동이 된 것은 아니다. 그랬다면 전자를 하나만 쏘더라도 스크린에 간섭무늬가 생겨야 하는데, 실제로는 하나의 점만 찍혔다. 여기서 말하는 전자의 파동이 우리에게 익숙한 음파 같은 파동과는 성격이 다르다는 점을 암시한다.

결과적으로, 궤적을 알 수 없는 개별 전자들이 차례로 스크린에 도달하면서 간섭무늬를 완성하는 한편, 관측으로 궤적을 확인하기만 하면 입자인 것처럼 두 줄무늬를 그리는 상황을 어떻게 해석해야 할까? 코펜하겐학파는 이 현상을 통해 확률 해석을 내놓았다.

## 기괴한 코펜하겐 해석

편의상 두 슬릿을 각각 슬릿 1과 슬릿 2라고 하자. 입자로서의 전자가 두 슬릿 중 하나를 통과할 가능성은 근사적으로 $\frac{1}{2}$ 이다. 만약 슬릿 1 근처에 관측 장치를 설치하여 실제로 전자를 관측했다면 그 전자는 슬릿 1을 통과한 것이므로 슬릿 2를 통과할 가능성은 사라진다. 전자는 슬릿 1로부터 평행하게 그은 선이 스크린과 만나는 곳에 100퍼센트 확률로 도달한다. 슬릿 2를 통과한 전자도 마찬가지다. 마치 동전을 던질 때 앞면과 뒷면이 나올 확률이 각각 $\frac{1}{2}$ 이지만 던지고 나면 그중 하나만 결정되고 다른 가능성은 사라지는 것과 같다.

그러나 관측 장치를 설치하지 않으면 전자가 어떤 슬릿을 통과했는지 알 수 없다. 동전을 던지기 전의 상황에 해당한다. 코펜하겐 해석에 따르면 관측하지 않았기 때문에 전자가 슬릿 1을 통과할 가능성과 슬릿 2를 통과할 가능성을 모두 지닌 상태로 슬릿을 지난 것이다. 그리고 동시에 존재하는 두 가능성이 서로 간섭하여 간섭무늬를 만들 것이다. 전자의 파동성은 어떤 물리적 파동이 아니라 가능성이 만드는 파동, 즉 확률 파동이다. 그리고 간섭무늬의 밝은 지점들은 전자가 도달할 확률이 높고, 어두운 지점들은 확률이 0이다. 어쨌든 관측하기 전에는 전자가 입자로서 존재하지 않는다. 이것이 아인슈타인이 "내가 달을 쳐다보지 않으면 달이 없다는 것인가"라고 말한 이유일 것이다.

슈뢰딩거가 도입한 파동함수를 통해 이 상황을 이야기해보자. 1926년 에르빈 슈뢰딩거는 입자가 파동성을 갖는다는 점을 근거로 모든 물질은 근원적으로 파동이라고 생각했다. 그는 파동이 만족하는 운동방정식을 이끌어냈다. 뉴턴 방정식과 같이 미분방정식인 슈뢰딩거 방정식은 다음과 같다.

$$ih\frac{d\psi}{dt} = H\psi$$

여기서 다시 플랑크상수 $h$가 등장한다. $i = \sqrt{-1}$, 즉 허수를 말한다. 또 $H$는 해밀토니안이라는 양으로서 입자의 총에너지에 해당한다. 그리스 문자 $\psi$는 파동을 기술하는 수학적 함수인 파동함수다. 이 방정식은 뉴턴의 운동 법칙과 동일한 역할을 하고, 양자역학의 모든 문제는 슈뢰딩거 방정식을 푸는 것으로 귀결된다. 단지 코펜하겐 해석은 파동함수 $\psi$를 확률과 관계된 파동이라고 해석하여 확률 진폭이라 규

정했다. 그러면 일반적 파동이론처럼 실제 확률은 파동함수의 $\psi$의 절댓값의 제곱, $|\psi|^2$이 된다. 슈뢰딩거 방정식에서 알 수 있듯이 $\psi$값 자체는 복소수가 될 수 있으며, $\psi^*$를 $\psi$의 켤레복소수라 할 때 확률값 $|\psi|^2 = \psi^*\psi$로 언제나 양수가 된다. 양자역학에서는 파동함수 $\psi$가 입자의 운동 상태를 나타낸다. 뉴턴 물리학의 운동 상태와 구분되기 때문에 '양자 상태'라고 부르기도 한다.

이중슬릿의 경우 슬릿을 통과하여 스크린에 닿기 전까지 전자의 양자 상태를 $\psi$라 하면

$$\psi = \psi_1 + \psi_2$$

로 나타낼 수 있다. 이때 $\psi_1$($\psi_2$)는 슬릿 1(슬릿 2)을 통과하는 전자의 양자 상태다. 이처럼 전체 양자 상태가 각각의 양자 상태의 합으로 표현되는 경우를 '양자 상태의 중첩superposition'이라고 한다. 이 개념은 코펜하겐 해석에서 매우 중요하다. 전자는 슬릿 1을 통과할 가능성과 슬릿 2를 통과할 가능성이 중첩된 상태라고 할 수 있다. 최종적으로 스크린에 전자가 분포할 확률은

$$|\psi|^2 = |\psi_1 + \psi_2|^2 = |\psi_1|^2 + |\psi_2|^2 + \psi_1^* \cdot \psi_2 + \psi_1 \cdot \psi_2^*$$

라 할 수 있다. 맨 오른쪽 식에서 첫 번째 항과 두 번째 항은 일상적으로 슬릿 1과 슬릿 2를 통과할 확률에 해당하고, 슬릿 1과 슬릿 2를 곱

한 세 번째와 네 번째 항이 바로 간섭을 나타내는 수학적 표현이다.

그런데 관측 장치를 켜서 전자가 슬릿 1을 통과했음을 알아내면, 관측하는 순간 전자의 양자 상태는 순식간에 중첩 상태로부터

$$\psi = \psi_1$$

으로 '붕괴'해버린다. 이처럼 관측에 의해 하나의 양자 상태만 남고 나머지는 모두 0이 되는 현상을 '양자 상태의 붕괴' 혹은 '파동함수의 붕괴'라고 부른다. 결국 슬릿 1을 통과한 전자가 스크린에 분포할 확률은

$$|\psi|^2 = |\psi_1|^2$$

으로 간섭에 해당하는 항이 사라진다.

코펜하겐 해석의 결과를 정리해보자. 전자의 파동성은 실제 파동이 아닌 확률 파동이다. 전자는 관측하기 전에는 두 슬릿을 통과할 가능성이 중첩된 상태로 존재하며 두 가능성의 간섭으로 스크린에 간섭무늬를 만든다. 그러나 전자가 어느 슬릿을 통과했는지 관측하면 전자의 중첩 상태는 붕괴하고 간섭무늬가 사라진다. 드디어 전자라는 입자가 탄생하는 순간이다. 전자의 위치는 관측함으로써 결정된다. 정말 기괴한 해석이라 하지 않을 수 없다.

## 전자가 원자 안 어딘가에 있을 확률

이제 논의를 원자에 적용해보자. 뛰어난 실험가 어니스트 러더퍼드 (1871~1937)는 유명한 산란 실험을 통해 원자의 모형을 제시했다. 음 전기를 지닌 가벼운 전자가 무거운 핵 주위를 행성처럼 돌고 있다는 태양계 모형이다. 이 모형은 곧바로 모순에 부딪쳤다. 제임스 맥스웰 의 전자기 이론에 따르면 전하를 띤 입자가 원운동하면 언제나 전자 기파(빛)를 방출하면서 에너지를 잃고 순식간에 핵으로 끌려들어 감 으로써 원자는 붕괴할 수밖에 없다. 그러나 실제 원자는 안정적으로 유지된다.

이 시기에 러더퍼드와 함께 지내다 덴마크로 돌아온 보어는 모순 을 해결하기 위해 자신만의 원자 모형을 내놓았다. 보어는 그림 4(a) 처럼 원자 내 전자는 어떤 불연속적인 특정 궤도만 돌 수 있으며 이때 는 전자기파를 방출하지 않을 수 있다고 가정했다. 특정 궤도는 전자 가 갖는 각운동량이 플랑크상수 $h$의 정수배로만 주어진다는 조건에 서 정해지지만 어떤 근거도 없는 것처럼 보였다.[12] 각 궤도의 전자에 너지는 그림 4(b)처럼 주어진다. 바깥 궤도로 갈수록 전자의 에너지 는 증가하지만 증가 폭은 점점 줄어든다. 보어의 원자 모형에서도 양 자화quantization가 나타난다. 전자의 궤도와 그에 해당하는 에너지값들이 양자화되어 있다.

---

12 각운동량은 회전운동에서 운동량 $p = mv$에 대응하는 물리량으로, 원운동의 경우 회전 반지름 $r$을 곱한 값으로 주어진다. 이 값이 $h$의 정수배만으로 주어진다면 결국 궤도 반지름 $r$ 역시 불연속적 값만 가지게 된다.

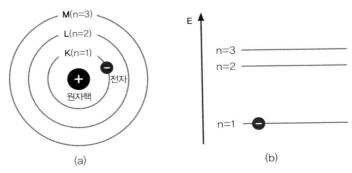

(a)                                                      (b)

**그림 4 •** (a) 닐스 보어가 제안한 원자 모형에서 전자들이 나타내는 불연속적 궤도들. 가장 안쪽의 세 궤도만 그렸지만 실제 궤도는 무한히 많다. (b) 안쪽 세 궤도의 에너지값들. 밖으로 갈수록 에너지값은 증가하지만 차이는 점점 좁아진다.

또한 보어는 전자가 특정 궤도들 사이를 순간적으로 이동할 수 있으며, 에너지가 큰 바깥쪽 궤도로부터 에너지가 작은 안쪽 궤도로 이동할 때 그 차이만큼에 해당하는 에너지를 지닌 전자기파를 방출한다고 주장했다. 보어는 이 기상천외한 순간 이동을 양자도약quantum jump이라고 불렀다. 궤도 사이의 에너지 차이를 알면 그로부터 나오는 빛의 주파수, 즉 색깔을 알 수 있다는 것이다.

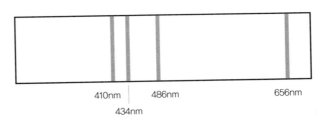

410nm          486nm                    656nm

434nm

**그림 5 •** 수소 기체로부터 나오는 가시광선 영역에 해당하는 스펙트럼. 네 가지 파장의 빛이 나온다. 이 스펙트럼은 모두 전자가 $n=2$ 궤도로 도약하는 경우에 해당한다. 그 밖에 적외선과 자외선 영역에서도 스펙트럼이 나타난다.

2장 × 양자역학 - 새로운 물결

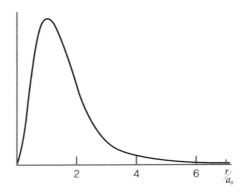

**그림 6 •** 수소 원자에서 바닥상태를 갖는 전자의 확률분포. 여기서 $r$은 전자의 위치, 즉 핵과의 거리이다. $a_0$는 보어 반지름으로 보어의 원자 모형에서 가장 안쪽 궤도의 반지름이며 실젯값은 $5 \times 10^{-11}$미터이다. 이 분포가 최대가 되는 위치는 보어 반지름과 정확히 일치한다.

이 모형은 근거가 불분명함에도 불구하고 수소로 채워진 방전관으로부터 나오는 빛의 스펙트럼을 매우 정확히 설명했다. 설명하기 힘든 보어의 통찰력이 빛을 발한 사건이었다. 그림 5는 수소 기체에서 나오는 빛의 스펙트럼으로 가시광선 영역에서는 네 개 파장의 빛만 방출된다. 보어는 방출되는 빛의 파장을 양자도약 가정을 통해 계산하고 정확히 일치함을 확인했다.

그러나 10여 년 후 원자 모형에 대한 보어의 대담한 가설은 코펜하겐 해석이 등장하면서 새로운 모형으로 수정된다. 전자는 원자 내에서도 파동성에 의해 정확한 궤도가 정해질 수 없다. 오직 어떤 위치에 존재할 확률만 주어질 뿐이다. 슈뢰딩거 방정식을 통해 전자가 가질 수 있는 양자 상태 $\psi_1, \psi_2, \psi_3 \cdots$와 그에 해당하는 에너지 $E_1, E_2, E_3 \cdots$를 정확히 계산할 수 있다. 그중 가장 낮은 에너지 $E_1$에 해당하는 상태 $\psi_1$을 바닥상태<sup>ground state</sup>라 한다. 그림 6은 바닥상태인 전자의 확률 분포를 나타낸 것이다. $x$축은 핵으로부터 떨어진 거리를 나타내며, $y$축은 전자가 그 위치에 존재할 확률을 나타낸다. 이 확률은 보어 모형에서 가장 안쪽 궤도의 반지름값(보어 반지름이라 부른다)에서 최댓값을 갖는다는 점을 주목하라. 전자는 보어 반지름을 지닌 궤도에서 도는 것이 아니라 보어 반지름에 있을 확률이 가장 클 뿐 핵 주위의 어디서나 존재할 확률을 지닌다. 관측하기 전의 전자는 구름처럼 퍼져 있다고 해야 한다. 바로 현대적 모형인 원자의 구름 모형이다(그림 7). 더 높은 에너지 상태에 해당하는 $\psi_2$, $\psi_3$……도 정확히 얻어지며 그 확률분포 역시 주어진다. 결국 보어 모형의 양자도약은 궤도 간의 순간 이동이 아니라 서로 다른 양자 상태 간의 전이<sup>transition</sup>에 의해 일어난다. 순간 이동은 입자로서의 전자가 궤도를 변경하는 경우지만, 전이는 궤도의 개념이 없이 양자 상태가 변화함을 뜻한다.

**그림 7 •** 원자의 구름 모형. 진한 부분에 전자가 존재할 확률이 높다.

2장 × 양자역학 – 새로운 물결

결론적으로 코펜하겐 해석에 따르면 우리는 원자 내의 전자에 관해 확률적으로만 말할 수 있다. 다시 말해 전자는 많은 고유 상태 중 하나로 나타낼 수 있다. 단 하나의 전자밖에 없는 수소지만 우리가 전자를 관측하지 않는다면 실제로 어딘가에 있는 것이 아니라 구름처럼 존재할 뿐이며, 관측하는 순간 위치가 정해진다고 할 수밖에 없다. 뉴턴 물리학이 전제하는 인과법칙과 결정론이 사라진 듯하다. 관측 결과는 많은 가능성 중 확률적으로 결정되기 때문에 하나의 원인에 의한 하나의 결과라 할 수 없다. 따라서 결정론적이지도 않다. 단지 확률의 범위 안에서 인과적이며 결정론적이라 할 수 있다.

## 인간 지식의 한계를 보여주는 불확정성 원리

입자의 파동성으로부터 파생된 확률 해석은 뉴턴 물리학의 전제였던 근본적 가정을 뒤흔들었다. 당시 사람들은 뉴턴 운동 법칙으로 물체의 위치와 운동량[13]을 정확히 계산하고 예측할 수 있으며 미래가 결정되어 있다고 확신했다. 그런데 1927년 하이젠베르크가 그것이 불가능함을 보여주는 불확정성 원리uncertainty principle를 제시했다. 1장에서 이야기한 불완전성 원리가 수학에 있다면 물리학에는 불확정성 원리가 있다. 자연에 대한 우리의 지식에 한계가 있다는 충격적 사실을 보여준 원리다.

불확정성 원리는 '입자의 위치와 운동량을 동시에 정확히 알 수 없

---

13 운동량은 질량과 속도의 곱이므로 운동량 대신 속도라고 봐도 무방하다.

다'는 의미를 담고 있다. 위치와 운동량의 불확정도를 각각 $\Delta x, \Delta p$라고 할 때 이들은 다음과 같은 부등식을 만족한다.

$$\Delta x \cdot \Delta p \gtrsim h$$

여기서 다시 플랑크상수 $h$가 등장한다. $h$가 너무 작은 값이어서 뉴턴 물리학에서는 0으로 인식할 수밖에 없었기에 인간이 무한한 정밀도로 자연을 알 수 있다고 믿었다. 그러나 사실이 아니었다. 절대 접근할 수 없는 영역이 있었다. 우리가 아무리 정확하게 위치와 운동량을 측정하려 해도 정확한 값을 얻을 수는 없다. 실제 관측이란 빛을 통해 이루어지는데, 위치를 정확히 알려면 높은 해상도가 필요하기 때문에 파장이 짧은 빛을 이용해야 한다. 그러나 이 때문에 입자의 운동량이 교란되어 불확정성이 생긴다. 반대로 운동량을 교란하지 않기 위해 파장이 긴 빛을 이용하면 운동량에 관한 정확도를 높일 수는 있지만 해상도가 감소하여 위치를 정확히 알 수 없다. 인간은 대상을 교란하지 않는 동시에 정확한 위치와 운동량을 얻을 수 없다. 하나를 정확히 알게 되더라도 나머지 하나에 대한 불확정성이 무한히 커진다. 이로써 불확정성 원리는 전지전능을 자신하던 뉴턴 물리학을 붕괴시켰고, 학자들은 한계를 인정하게 되었다. 미시 세계는 확률의 범위 안에서만 예측할 수 있다.

## 미시 세계가 일상 세계와 다른 이유

자연이 확률의 지배를 받는다는 코펜하겐 해석에 여러 사람이 불만을 드러냈다. 아인슈타인이 대표적 반대론자였다. 먼저 양자역학의 핵심 방정식을 이끌어낸 슈뢰딩거부터 이야기하자. 파동함수를 도입해 중요한 방정식을 유도했지만, 슈뢰딩거는 입자가 확률이 아닌 실제 파동처럼 행동한다고 생각했다. 그래서 코펜하겐 해석의 모순을 지적하기 위해 사고실험을 고안했다. 바로 그 유명한 '슈뢰딩거 고양이'다.

잘 알려져 있듯이 실험에 등장하는 것은 큰 상자 안에서 방사능 붕괴를 일으키는 원자와 방사능을 측정하는 감지기, 그리고 감지기와 연결된 망치다. 바닥에는 독가스가 든 병이 있고 그 옆에 고양이가 앉아 있다. 코펜하겐 해석에 따르면 원자의 방사능 붕괴는 확률적으로만 예측할 수 있다. 예를 들어 1시간 내에 원자가 붕괴할 확률이 $\frac{1}{2}$, 붕괴하지 않을 확률이 $\frac{1}{2}$ 이라고 하자. 그럼 우리가 상자 뚜껑을 열고 관측하지 않는다면 원자의 양자 상태는 두 가능성의 중첩 상태로 주어진다.

$$\psi_{atom} = \psi_d + \psi_{nd}$$

이때 $\psi_d$는 붕괴$^{decay}$할 가능성을, $\psi_{nd}$는 붕괴하지 않을$^{non\text{-}decay}$ 가능성을 나타낸다. 그런데 상자 안에서 원자가 붕괴하면 감지기와 연결된 망치가 작동하여 독가스가 든 병을 사정없이 내리침으로써 고양이가 죽음을 맞이하지만, 붕괴하지 않으면 고양이는 죽지 않는다. 다시 말해 고양이의 생사 여부는 원자의 붕괴 여부에 달려 있다. 원자와 고양이는 '얽혀entangled' 있다. 즉 고양이에도 코펜하겐 해석을 적용할 수밖에 없다. 따라서 방사능 원자와 고양이의 상태를 모두 나타내는 전체 양자 상태를 다음과 같이 쓸 수 있다.

$$\psi_{total} = \psi_d \psi_{dead} + \psi_{nd} \psi_{live}$$

원자가 붕괴($\psi_d$)하여 고양이가 죽게 될($\psi_{dead}$) 상태와 원자가 붕괴하지 않아($\psi_{nd}$) 고양이가 살아 있을($\psi_{live}$) 상태가 중첩된다. 분명 고양이는 거시 세계의 존재로서 살거나 죽거나 둘 중 하나일 수밖에 없는데, 코펜하겐 해석에 의하면 고양이도 삶과 죽음이 중첩된 상태가 된다. 슈뢰딩거는 이 결과를 코펜하겐 해석의 모순이라고 주장했다. 초창기 양자역학이 미시 세계에만 적용되는 이론으로 여겨졌기 때문에 이 주장은 일리 있어 보였다. 분명 우리가 익숙한 거시 세계의 입자는 파동성을 보여주지 않는다. 이중슬릿에 야구공을 던져봐야 간섭무늬가 나타나지 않는다.

그러나 이후 덩치가 큰 물질들로 실행한 이중슬릿 실험에서 간섭무늬들이 확인되었다. 최근에는 탄소 60개를 축구공 모양으로 결합하여 만든 버크민스터풀러렌$^{C60}$이라는 물질이나, 규모가 더 큰 바이러스도 간섭무늬를 보여주었다고 한다. 크기가 커지더라도 조건만 잘 갖추어지면 파동성을 잃지 않고 유지하여 간섭무늬를 만들 수 있다는 의미다. 전자의 이중슬릿에서 간섭무늬를 사라지게 한 것은 결국 관측 장치였다. 어떤 대상이든 관측만 하지 않는다면 크기에 관계없이 파동성을 유지할 수 있을까?

물론 사실이다. 그러나 먼저 관측이란 무엇인지를 규정해야 한다. 인간이 관측 장치를 매달아 스위치를 켜고 물체를 감지하는 행위만으로 관측의 개념을 한정해서는 안 된다. 궁극적으로 어떤 물체에 대한 관측에서 물체 외부의 작은 입자 하나라도 충돌하거나, 물체를 구성하는 작은 입자 하나라도 외부로 빠져나갈 경우 관측했다고 할 수 있다. 인간이 아닌 자연이 그 물체를 관측한 것이다. 이 순간 간섭무늬는 사라진다. 완벽한 진공은 불가능하기 때문에 크기가 커질수록 관측당할 가능성이 커질 수밖에 없고, 파동성을 잃을 가능성도 함께 커진다. 결론적으로 거시 세계 역시 기본적으로는 양자역학이 적용되지만 크기가 증가함에 따라 파동성을 유지하기가 불가능하므로 뉴턴 물리학만으로도 충분히 이해할 수 있다.

## 아인슈타인의 반격

코펜하겐 해석에 대해 칼을 갈고 있던 아인슈타인은 1935년 젊은 동료들인 보리스 포돌스키(1896~1966)와 네이선 로젠(1909~1995)과 함께 매우 중요한 반론을 논문으로 발표한다. 《피지컬 리뷰》에 〈물리적 실재에 대한 양자역학적 기술이 완전하다고 볼 수 있는가?〉라는 어려운 제목으로 발표한 이 논문[14]은 저자들의 이름을 따서 'EPR 논문'이라 불린다. 논문에서 아인슈타인은 코펜하겐 해석이 틀리지는 않았지만 이론으로서 완전하지 않다고 주장했다. 아인슈타인의 말대로 양자역학은 지금까지 틀린 적이 없다. 그러나 신의 비밀을 알고자 했던 아인슈타인이 볼 때 과연 양자역학이 비밀에 다가가는 올바른 길인가를 물으면 그 대답은 아니라는 것이었다.

물리학 이론이 완전하다는 것은 무슨 뜻일까? 아인슈타인에 따르면 물리적 실재$^{reality}$가 이론에 들어 있어야 한다. 그는 물리적 실재에 대해서는 '대상을 전혀 교란하지 않고 100퍼센트의 확률로 어떤 물리량을 예측할 수 있을 때 그 물리량에 해당하는 물리적 실재의 요소가 존재한다'라고 설명했다. 또 한 곳에서의 측정이 멀리 떨어진 다른 곳에서의 측정 결과에 순식간에 영향을 끼쳐서는 안 된다는 국소성 원리를 만족해야 한다고 했다. 그렇지 않으면 한 곳의 정보가 빛보다 빨리 전달될 수 없다는 그의 특수상대성이론에 위배되었다. 이런 점에서 EPR은 양자역학적 기술, 즉 코펜하겐 해석은 두 조건을 만족시키지 않기 때문에 완전하지 않다고 주장했다.

코펜하겐 해석에 의하면 관측 이전에는 입자의 확률분포만 알 수 있다. 즉 여러 다양한 가능성이 중첩된 상태다. 관측하면 중첩 상태 중 하나가 결정되어 나타나고 다른 가능성들은 사라진다. 따라서 입자를 관측한 결과는 관측 행위에 의해 결정되며, 이미 정해져 있는 것은 아니다. 불확정성 원리에 의하면 위치와 운동량 같은 양들은 동시에 정확히 알 수 없기 때문에 EPR이 내놓은 조건에 맞는 물리적 실재

---

**14** A. Einstein, B. Podolsky and N. Rosen, "Can Quantum-Mechanical Description of Physical Reality Be Considered Complete?", *Physical Review* 47, 777 (1935).

의 요소가 될 수 없다.

EPR은 이 주장을 설명하는 사고실험을 제시하면서 코펜하겐 해석을 반증하려 했다. 사고실험의 내용은 다음과 같다. 처음에 한곳에서 상호작용하던 두 입자 A, B가 더 이상 상호작용하지 않는 상황에서 서로 반대 방향으로 멀어지고 있다고 하자. 언제나 두 입자의 위치는 $x_A = -x_B$고, 운동량 역시 보존법칙에 의해 $p_A = -p_B$를 만족할 것이다. 1광년 정도 떨어진 상황에서 A 입자의 위치를 관측하면 B 입자를 전혀 교란하지 않고 위치를 알 수 있다. 운동량에 관해서도 A 입자를 관측하여 B 입자를 교란하지 않고 운동량을 정확히 알 수 있다. 다시 말해 B 입자의 위치와 운동량에 대한 실재적 요소가 존재한다고 할 수 있다. 그러나 불확정성 원리에 의하면 위치와 운동량을 관측하기 위해서는 언제나 교란할 수밖에 없으므로 실재적 요소를 부정하고 있기 때문에 불확정성 원리가 핵심인 코펜하겐 해석은 완전하지 않다는 것이다.

또 A 입자의 위치와 운동량이 관측 이전에 정해져 있지 않고 관측과 동시에 결정된다면, 1광년이나 떨어진 B 입자의 관측 결과도 마찬가지일 것이다. 그렇다면 A 입자 관측이 순식간에 B 입자에 영향을 미친다는 의미이므로 국소성 원리에 위배된다. 따라서 관측 이전에 이미 두 물리량은 물리적 실재로서 결정되어 있다고 봐야 한다. 그렇다면 실재성 문제도 해결될 것이다. 그러므로 EPR은 관측 결과를 정해주는 미지의 변수를 포함하는 '숨은 변수 이론'이 필요하다고 주장했다.

보어는 즉각 같은 제목의 논문으로 이 주장에 반론을 펼쳤다.[15] 물론 물음에 대한 보어의 대답은 '그렇다'였다. 그런데 보어의 반론은 EPR이 문제 삼았던 국소성과 실재성 문제를 구체적으로 언급하지 않고 오히려 실재성의 기준이 양자역학에 적용될 수 없다고 주장했다. 같은 말도 매우 난해하게 하는 보어의 논문이 코펜하겐 해석을 정확히 방어했다고 말하기는 어렵다. 물론 EPR의 주장이 옳다는 증거 또한 없었다. 어쨌든 코펜하겐 해석이 옳다면 EPR이 제안한 두 입자 A와 B는 순식간에 정보를 주고받으며 '유령처럼 비국소적으로 상호작용하는$^{spooky\ action}$' 쌍으로 '얽힘' 상태가 된다. 그러나 1935년 당시 이문제는 검증 방법을 찾을 수 없는 난제였다.

## EPR 문제를 검증할 벨의 정리와 실험적 입증

EPR 문제를 실험으로 검증할 수 있는 방법은 약 30년이 지난 1964년 제시되었다.[16] 젊은 물리학자 존 벨(1928~1990)은 EPR이 제시한 실재성과 국소성을 전제로 한 사고실험에서 멀리 떨어진 두 입자인 입자 쌍의 물리량들을 측정할 때 그 양들을 얻을 확률들이 만족하는 부등식을 정리했다. 뉴턴 물리학의 세계라면 상식적으로 얻을 조건이라 할 수 있다. EPR 사고실험과 설정이 유사하지만 간결하게 논의하기 위해 가상적 비유를 통해 벨의 부등식을 알아보자.

---

15 N. Bohr, "Can Quantum-Mechanical Description of Physical Reality Be Considered Complete?", *Physical Review* 48, 696 (1935).

16 J. S. Bell, "On the Einstein-Podolsky-Rosen paradox", *Physics* 1, 195 (1964).

두 개의 물체가 서로 다른 상자 X와 Y에 나뉘어 담겨 반대 방향으로 매우 멀리까지 이동했다고 하자. 두 물체가 어떤 상자에 담겼는지는 아무도 모르며 색깔(a), 상대적 크기(b), 재질(c)이 다르다는 정보만 있을 뿐이다. 색깔의 경우 빨간색(+)과 파란색(-), 크기의 경우 큰 것(+)과 작은 것(-), 그리고 재질의 경우 딱딱한 것(+)과 물렁한 것(-)으로 구분된다고 하자. 세 가지 조건은 모두 독립적이어서 상자 X를 열었을 때 조각이 크고 빨간색이며 딱딱한 경우 상자 Y에서는 작고 파란색이며 물렁할 가능성을 포함해 총 여덟 가지의 서로 다른 결과가 나올 가능성이 있다.

동일한 상태에서 많은 관측을 통해 얻은 결과 중 상자 X에서 크기가 크고 상자 Y에서 색깔이 빨간색일 확률($p_{b+, a+}$), 상자 X에서 크기가 크고 상자 Y에서 재질이 딱딱할 확률($p_{b+, a+}$), 그리고 상자 X에서 재질이 딱딱하고 상자 Y에서 색깔이 빨간색일 확률($p_{c+, a+}$)들 간의 대소를 생각해보면 언제나

$$(p_{b+, c+}) \leq (p_{b+, a+}) + (p_{c+, a+})$$

를 만족한다. 한 가지 가능성보다 두 가지 가능성이 언제나 큰 것은 상식적으로 당연하다. 따라서 위 부등식에서 항의 순서가 바뀌어도 항상 만족한다.

그런데 양자역학에는 이 부등식을 위배하는 반증 사례들이 존재한다. 벨은 이 사실을 통해 양자역학의 기본 속성에 실재성이나 국소성

이 없을 수도 있음을 보여줬다.[17] 이것은 물론 실험으로 입증해야 하는 문제였다. 실제로 미시 입자의 쌍이 벨의 부등식을 위배하는지에 관한 실험은 그로부터 20년 가까운 시간이 흐른 1982년 프랑스 실험물리학자 알랭 아스페가 시행했다.[18] 알랭 아스페는 이 업적으로 존 클라우저, 안톤 자일링거와 함께 2022년 노벨 물리학상을 수상했다. 실험 결과에 따르면 미시 입자 쌍의 경우 벨 부등식이 성립하지 않았다. 즉 광자나 전자 같은 미시적 존재들은 실재성과 국소성을 동시에 만족시키지는 않는다는 의미다.

벨 부등식 검증 실험은 자체 결함loophole을 극복해가면서 지금도 정밀하게 진행되고 있다. 여전히 모든 경우에서 양자역학이 벨 부등식을 만족시키지 않는다는 결과가 나오고 있다. 따라서 EPR이 1935년 야심차게 주장한 역설은 일단 코펜하겐 해석의 판정승으로 승부가 났다고 할 수 있다.

양자역학에 본질적 물음을 던진 EPR 역설은 코펜하겐 해석의 정당성을 강화한 측면도 있지만 한편으로는 새로운 분야를 여는 중요한 단초가 되고 있다. EPR이 도입한 '얽힘 상태'는 최근 양자 정보 기술에 매우 중요한 요소로 사용되고 있다. 얽힘과 함께 0 혹은 1이라는 고전적 디지털 개념을 넘어 '0과 1의 중첩 상태'를 정보의 기본 단위로 계산하는 양자컴퓨터가 21세기의 가장 뜨거운 이슈 중 하나로 등

---

17 예를 들어 세 방향으로 설정한 스핀 관측 장치로 측정한 입자 쌍의 스핀은 벨 부등식을 만족하지 않는다.

18 A. Aspect, J. Dalibard and Gerard Roger, "Experimental Test of Bell's Inequalities Using Time-Varying Analyzers", *Physical Review Letters* 49, 1804 (1982).

장했다. 코펜하겐 해석에서 이야기하는 중첩 상태를 관측하지 않은 상태에서 연산하여 동시에 많은 계산을 하는 이 기술은 새로운 정보 혁명을 주도하고 있다. 상용화하려면 많은 시간이 필요해 보이지만 기존 컴퓨터가 하지 못하는 많은 일을 할 수 있을 듯하다. 또 한 번 인류 삶의 방식이 바뀔지도 모를 일이다. 아무튼 얽힘과 중첩 상태를 활용하는 양자 정보 기술이 현실화하고 조금씩 상용화되는 현재 코펜하겐 해석의 입지가 더 굳어지는 것 같다.

## 양자역학에 관한 또 다른 해석들

그렇다면 코펜하겐 해석은 정확하므로 더 이상 다른 가능성을 고민할 필요가 없을까? 해석은 언제나 해석일 따름이다. 같은 수준의 논리적 정합성으로 실험 결과들을 동일한 수준으로 잘 설명할 수 있다면 분명 다른 해석도 가능할 것이다. 보어는 "맞는 설명의 반대는 거짓 설명이지만, 심오한 진실의 반대는 또 다른 심오한 진실일 수도 있다"라고 했다. 코펜하겐 해석이 분명 양자역학에 대한 심오한 진실이라고 본다면 또 다른 심오한 진실도 가능할 것이다. 사실 코펜하겐 해석이 제시된 이후에도 양자역학에 대한 여러 해석이 제안되었다. 해석 내용과 타당성을 살펴보는 일은 이 책의 범위를 벗어나기 때문에 여기서는 이름과 핵심 내용만 간단히 언급하겠다.

먼저 언급할 해석은 '숨은 변수 이론'이다. 앞에서 언급한 대로 아인슈타인이 제안한 실재성의 원칙 아래 양자역학을 해석하려는 이론이다. 이 생각에 따르면 측정 이전에도 중첩 상태가 존재하지 않는다.

양자역학은 확률로 규정되는 것이 아니라 이미 결정된 물리량에 관한 정보를 알 수 있게 하는 숨은 변수를 찾음으로써 고전역학적 관점으로 기술할 수 있다는 것이다.

막스 보른이 제안한 '앙상블 해석'도 언급할 필요가 있다. 파동함수 자체를 한 입자에 대한 확률적 해석이 아니라 통계물리학에서처럼 입자들에 대한 독립적 파동함수들의 모임을 가지고 생각해야 한다는 이론이다.

한편 드브로이와 데이비드 봄(1917~1992)이 제창한 '파일럿파' 해석도 있다. 입자가 파동성을 띠는 이유는 입자의 운동을 이끄는 길잡이 파동에 의해 운동하기 때문이라는 이론이다. 이 파일럿 파동은 오랫동안 관측되지 않고 있다. 코펜하겐 해석 가운데 비국소성만큼은 인정하려는 경향이라 할 수 있지만 중요한 해석으로 인정받지는 못하고 있다.

휴 에버릿 3세(1930~1982)는 코펜하겐 해석의 중첩 상태가 단지 가능성에 그치지 않고 실제로 존재하는 복수의 우주라고 주장했다. 이를 '다세계 해석'이라 한다. 이중슬릿 실험에서 전자가 슬릿 1을 통과하는 우주와 슬릿 2를 통과하는 우주는 함께 존재하고, 우리가 측정을 통해 한 결과를 얻는 순간 그중 한 우주에 속하게 되며, 그 순간부터는 반대편 우주를 인식할 수 없다는 다소 황당한 해석도 있다. 최근 만물의 이론으로 주목받는 '초끈superstring 이론'이 다중우주의 가능성을 제기하면서 에버릿 3세의 다세계 해석이 다시 주목받고 있다.

우리나라 학자들도 양자역학 해석에 참여하여 독자적 해석을 내놓고 있다. 장회익 교수를 비롯한 학자들의 '서울 해석'이 그것이다. 모든 논쟁이 양자역학의 인식론적 구조를 해명하지 못하여 혼란이 발생하기 때문에 가장 먼저 사물을 인식하는 과정을 검토할 것을 주장하며, 양자역학을 넘어 일반 동역학의 본질 구조를 연구하여 얻은 해석이다. 나아가 장회익은 최근 존재론의 성격을 깊이 살피면서 양자역학을 담아낼 수 있는 새로운 존재론을 제시했다. 이로써 양자역학이 불완전했던 것이 아니라 이를 담을 존재론이 부적절했음을 밝히고 있다.[19]

이외에도 여러 해석이 등장했지만 코펜하겐 해석을 주류에서 밀어낼 조짐은 보이지 않는다. 다양한 해석에 대한 상세한 논의는 이 책의 범위를 넘어서므로 간단히 소개하며 정리하겠다.

## 예술과 양자역학

비슷한 시기 예술가 등의 창작자들은 물리학의 거대한 변화의 물결과 영향을 주고받고 있었다. 추상미술의 선구자 바실리 칸딘스키(1866~1944)던 매우 활발하게 창작하던 즈음 인상주의적 화풍으로부터 점, 선, 면으로 구성되는 기하학적 추상화로 큰 전환을 이루었다. 그는 "내게 원자의 분열은 세계의 붕괴와도 같았다"라고 말했다. 원자가 더 나뉠 수 있고, 나아가 상대성이론의 질량-에너지 등가 이론으로 밝혀진 원자가 붕괴하여 방사능을 뿜는다는 사실들이 그에게 영향을 미쳤다. 그림 8은 칸딘스키의 1923년 작품 〈구성 8〉이다. 20세기 건축을 비롯한 예술 사조들의 변화를 이끈 독일의 대안학교 바우하

**그림 8** • 바실리 칸딘스키의 〈구성 8〉(1923).

우스<sup>Bauhaus</sup>에 그가 몸담았다는 사실도 의미심장하다.

　1940년대에 활약하며 '액션 페인팅'으로 유명해진 화가 잭슨 폴록 (1912~1956)은 특히 혁명적으로 사고한 인물이다. 그는 사물을 그리는 대신 창조의 신 시바의 춤을 재연하듯이 격앙된 몸에서 흘러내리는 물감을 던지고 흔들고 튀기고 떨어뜨렸다.[20] 실재를 화폭에 그리는 전형적인 방식이 아니라 캔버스의 모든 곳을 균일하게 채움으로써 특정 위치에 고정되지 않고 도처에 퍼져 있는 미시적 세계를 연상시킨다. 그림 9는 그의 1948년 작품 〈넘버 26A: 흑과 백〉이다.

**19**　장회익, 《양자역학을 어떻게 이해할까?》(한울, 2022).
**20**　레오나드 쉴레인, 《미술과 물리의 만남 2》(김진엽 옮김, 도서출판국제, 1995).

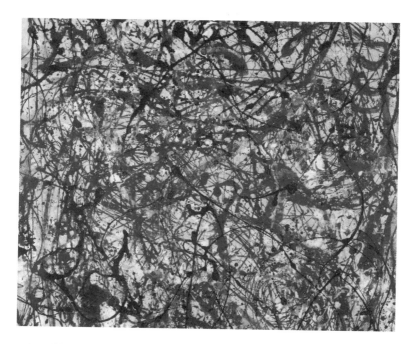

**그림 9 •** 잭슨 폴록의 〈넘버 26A: 흑과 백〉(1948).

1908년 작곡가 아르놀트 쇤베르크(1874~1951)는 조성을 핵심으로 삼아온 음악 형식을 부수고 무조음악을 만듦으로써 새로운 현대음악을 보여주었다. 대중음악에서도 전형적 방식에서 벗어나 한 곡 안에서 다양한 즉흥연주를 선보이며 혁명을 이룩한 재즈가 등장했다.

물리학을 포함한 이 모든 흐름은 19세기까지 절대적 지위를 누린 결정론적·합리적 이성이 20세기 들어 차츰 균열의 조짐을 보이면서 봇물 터지듯 나타난 듯하다. 과학도 결코 과학자들만의 닫힌 세계 속 이야기가 아니다.

# 이 장을 맺으며

지금까지 현대물리학의 기둥이라 할 수 있는 양자역학과 그 주류 해석으로 인정되는 코펜하겐 해석을 살펴보았다. 확실한 사실은 양자역학이 20세기 과학기술 문명의 대부분을 낳았다는 것이다. 양자역학은 해석이 필요하고, 뉴턴 물리학에 대한 상식에 익숙한 우리에게는 너무도 낯선 코펜하겐 해석이 주류로 인정되고 있다. 보어의 말대로 또 다른 심오한 진실이 존재할 수도 있지만 코펜하겐 해석의 틀 안에서 보면 미시 세계는 분명 우연이 본질인 세계다. 한 치의 오차도 허용하지 않는 합법칙적이고 결정론적인 질서가 근본부터 붕괴하여 극도로 작은 주사위로 가득 찬 세계를 구성하고 있다. 이들은 기본적으로 다양한 가능성이 중첩된 상태여서 측정에 의하지 않고서는 물리적 실재로 존재한다고 볼 수 없는 매우 신비로운 상태로 기술된다. 어느 하나로 확정되지 않고 여러 가능성이 중첩되어 있기 때문이다.

이때 관측이 이루어지면 중첩 상태는 즉각 붕괴하고 가능성 중 하나의 값으로 드러난다. 동일한 조건에서 많은 관측이 이루어지면 결과는 확률분포에 따라 나타난다. 과학의 영역에서 우연이 지배하는 세계가 드러난다. 거시 세계 법칙은 뉴턴 법칙으로 기술하고 오차 없이 예측할 수 있는 반면 미시 세계의 존재들은 이 법칙에 종속되지 않는다. 오직 확률만 예측할 수 있을 뿐이다.

또한 불확정성 원리에 의해 미시 세계의 입자는 위치와 운동량이 동시에 정확히 주어지지 않는다. 대상의 운동 상태를 기술하는 두 물리량을 동시에 정확히 측정할 수 있다는 뉴턴 물리학의 기본 전제를 근본적으로 무너뜨리는 원리다. 인간은 이제 대상에 대한 앎에 근본적 한계가 있음을 인정하기 시작했다. 결론적으로 우리가 보기에 너무나도 분명하고 뚜렷한 세계가 매우 작은 요소들의 흐릿함과 모호함을 바탕으로 만들어졌다는 사실이 놀랍고 신비할 따름이다.

　양자역학은 물리학자뿐만 아니라 대중의 상상력도 자극하기에 충분하다. 실제로 많은 사람이 상상력을 구체화한 결과들도 넘쳐나고 있다. 예들 들어 우리나라 전통 의학에 양자역학을 마구잡이로 연결하여 마치 검증이 끝난 의학인 것처럼 주장하는 사례도 있다. 과학이 여전히 세계를 이해하는 강력한 도구인 이유는 과학 이론을 만들고 인정하는 절차가 있기 때문이다. 어떤 과학 이론도, 누구의 과학 이론도 예외가 아니다. 논리적 일관성이 철저하고, 반증 가능성에 열려 있으며, 실험 결과와 일치해야 이론의 정당성이 인정된다. 그렇지만 언제든 하나의 반증 사례가 나타나면 그 이론은 신뢰성을 크게 의심받을 수밖에 없다. 과학 연구에서 상상력은 매우 중요하지만, 과학이 상상력의 산물인 것만도 아니다. 자기 확신만으로 완성된 이론인 양 주장함으로써 혼란을 야기하기 전에 올바른 절차를 밟아야 할 것이다.

　또한 프리초프 카프라의 중요한 저서 《현대물리학과 동양 사상》[21]이 출간된 이후 우리나라에서는 자연을 과학으로 도구화하여 환경파괴와 기후위기를 초래한 서양이 아니라 동양에 지구 위기의 해결책이 있다는 이분법적 주장을 담은 서적들을 쉽게 볼 수 있다. 흑백을

21  프리초프 카프라, 《현대물리학과 동양 사상》(김용정, 이성범 옮김, 범양사, 2006).

구분하여 흑을 버리고 백만 취해서는 안 되는 것이 세상의 이치다. 지금 같은 총체적 위기 앞에 동양과 서양을 나누어 한쪽을 악으로 규정하며 대립해서는 위기에서 벗어날 수 없다. 동서양은 분명 각각의 장점을 지니고 있다. 서양에서 시작한 과학은 오랜 시간에 걸쳐 많은 성과를 축적하고 혁명의 시간들을 거침으로써 자연의 깊은 영역을 이해하고 있다. 과학은 논리성과 체계성으로 인해 어떤 사람도 노력과 시간을 투자하면 어느 수준까지 배울 수 있는 학문이 되었다. 반면 동양은 특유의 과학을 성립하지는 못했지만 자연의 만상을 삶의 태도나 의미와 연결 짓고 자연과의 합일을 기본 철학으로 여겨왔다. 질서와 혼돈이 결합하여 자연이 굴러가듯, 우리도 장점들을 결합하여 위기를 벗어날 수 있는 새로운 방법을 찾고 모든 존재가 공존할 길을 모색해야 한다.

3장

카오스와 코스모스

카오스와 코스모스

✕ ✕ ✕

중학생 시절의 일로 기억한다. 수업 시간에 방정식을 배우면서 수학이 어려우면서도 신기하다고 느낀 적이 있다. 먼저 많은 문제를 기계적으로 풀어 기능을 익히면 어떤 사례에 대해 방정식을 세우고 풀어서 답을 얻는 이른바 응용문제가 예외 없이 등장했다. 문제에 맞춰 정확히 방정식을 세우기만 하면 자동으로 정확한 답으로 이어진다. 그렇게 문제를 해결하다 보면 결국 방정식 하나로 세상의 모든 일을 잘 풀어낼 수 있을 듯했다. 그때 '이것이 수학의 힘이구나' 하고 어렴풋이 생각한 것 같다.

역사적으로 유명한 응용문제 중 하나는 알렉산드리아 수학자 디오판토스에 관한 것이다. 방정식 연구로 이름난 그는 저서 《산학Arithmetica》을 남겼다. 1637년 피에르 드 페르마(1607~1665)는 자신이 읽던 《산학》의 마지막 페이지 여백에 정리를 적어놓은 것으로 유명하다. 흥미로운 것은 디오판토스의 정확한 생몰 연대는 알려지지 않았지만 몇 년을 살다가 죽었는지는 알려져 있다는 사실이다. 바로 방정식의 대가답게 디오판토스 스스로 묘비에 남긴 다음 응용문제 덕분이다.

그는 인생의 $\frac{1}{6}$ 을 소년으로 보냈다. 그리고 다시 인생의 $\frac{1}{12}$ 이 지난 뒤에는 얼굴에 수염이 자라기 시작했다. 다시 $\frac{1}{7}$ 이 지난 뒤 그는 아름다운 여인을 맞이했으며, 결혼한 지 5년 만에 아들을 얻었다. 그러나 아들은 아버지 인생의 절반밖에 살지 못했다. 그는 이후 4년간 정수론에 몰입하다 일생을 마쳤다.

디오판토스가 죽은 나이를 $x$라 하면 다음의 1차 방정식이 나온다.

$$\frac{x}{6} + \frac{x}{12} + \frac{x}{7} + 5 + \frac{x}{2} + 4 = x$$

약간의 시간을 들이면 $x$의 실젯값 84를 구할 수 있다.

인류가 방정식으로 미래를 예측할 수 있도록 해준 수학자는 뉴턴이다. 그는 미적분을 만들고, 자연에서 일어나는 운동에 관하여 친절하게도 보편적인 방정식을 이끌어냄으로써 누구든 고민 없이 방정식을 계산할 수 있게 했다. 즉 위의 응용문제처럼 처음부터 방정식을 세우는 절차가 필요 없도록 해주었다. 물체에 작용하는 힘에 대한 정확한 표현과 현재의 위치, 속돗값만 알면 모든 것은 다음 뉴턴 방정식을 만족한다.

$$F = ma$$

그다음은 일사천리다. 이 식을 적분하여 속도와 위치를 시간의 함수로 나타낼 수 있다. 속도와 위치를 시간의 함수로 나타내기만 하면 물체의 운동에 대해 모든 것을 안다고 할 수 있다. 즉 예측할 수 있다. 많은 경우 컴퓨터의 도움 없이 연필만으로도 속도와 위치를 함수 형태로 얻을 수 있다. 설령 그것이 불가능하더라도 컴퓨터의 수치 계산을 통해 훌륭한 근사치를 얻을 수 있다. 결국 방정식을 얻으면 어떤 식으로든 그 해를 얻을 수 있기 때문에 뉴턴 역학적으로 볼 때 세계는 결정론적이며 예측 가능하다고 할 수 있다.

용수철에 매달려 움직이는 물체가 있다. 그 물체의 질량을 $m$이라고 하자. 진동을 방해하는 요인이 전혀 없는 이상적인 용수철이라면 물체에 작용하는 힘은 $F=-kx$로 간단히 주어진다. $F$는 힘이고, $k$는 용수철 상수라고 부르는 양으로 이 값이 클수록 팽팽한 용수철이라고 할 수 있다. $x$는 용수철이 원래 길이로부터 늘어난 길이를 의미하며, 부호 $-$는 $x$의 반대 방향이란 의미다. 정리하면 용수철에 매달려 움직이는 물체에는 용수철이 늘어난 길이에 비례하는 힘이 작용하고, 그 힘이 작용하는 방향은 늘어나는 방향과 반대다. 용수철이 늘어날수록 반대 방향으로 더 크게 힘이 작용한다. 이 상황을 간단한 뉴턴 방정식으로 표현하면 다음과 같다.

$$F = ma = -kx \text{ 혹은 } ma + kx = 0$$

이 식은 $x^2$이나 $x^3$이 아닌 $x$에 비례하는 항만 있기 때문에 선형linear 방정식이다. 방정식이 선형일 때 얻어지는 운동은 결정되어 있고 예측 가능하다. 미분방정식을 푸는 일반적인 방법으로부터 해 $x(t)$를 얻을 수 있다. 이것은 시간에 따라 용수철이 늘어난 길이의 변화(물체의 위치와 동일)를 의미하며, 물체가 처음에 $A$인 지점에서 초속도 0인 상태로 운동을 시작했다면 그 결과는 다음과 같다.

$$x(t) = A\cos\sqrt{\frac{k}{m}}\,t$$

잘 알려져 있듯 코사인cosine 함수는 같은 형태가 반복됨으로써 진동을 잘 나타내는 함수다. 즉 물체의 미래는 동일한 진폭과 진동수로 끊임없이 진동하도록 결정되어 있으며, 우리는 시간 $t$에 임의의 값을 대입하면 언제든 물체의 위치를 예측할 수 있다.

그렇지만 이상적인 용수철은 이상일 뿐 실제는 다르지 않은가? 그렇다. 여러 원인 때문에 팽창과 수축을 방해하는 마찰력이 현실의 용수철에 작용할 수 있다. 그러나 이때도 $-kx$라는 힘 이외에 마찰력을 추가하여 보정할 수 있다. 그 결과 진동의 진폭이 점점 줄어들고, 충분한 시간이 흐르면 결국 멈출 것이다. 위치와 속도가 모두 0으로 수렴하는 것 역시 정확히 예측할 수 있는 미래의 모습이다.

그럼 처음 위치 $A$를 측정하는 데 오차가 생길 수 있지 않은가? 그렇다. 언제든 작은 오차는 있기 마련이다. 그런데 시간이 지나도 초기의 오차는 그리 커지지 않기 때문에 언제든 오차 범위 이내에서 예측할 수 있다. 물론 오차를 무시할 수 없는 경우도 있다. 현실 세계에서 최신 무기들이 아무리 정확하다 해도 약간의 오차로 인해 엉뚱한 사람이 희생되는 사례도 있다. 그러나 자연은 결정되어 있고 예측 가능하다는 원칙을 깨뜨릴 만큼 엉뚱한 결과가 많이 나오지는 않는다.

이처럼 결정되어 있고 예측 가능한 사례는 용수철 운동 외에도 무척 많다. 지구 상에서 자유낙하하는 물체, 인공위성이나 행성의 (타)원 운동, 포물체의 운동 등이다. 이들 모두 뉴턴 방정식으로 정확히 예측할 수 있다. 결국 학자들은 어떤 운동이든 정확한 방정식을 세울 수 있고, 어느 정도 정확한 초깃값을 알면 그 운동은 결정되어 있으며 예측 가능하다고 생각해왔다.

## 주기 배가, 카오스에 이르는 과정

그러나 실제로 일어나는 모든 현상이 결정되어 있고 예측할 수 있는 것은 아니다. 바로 이 장의 주제인 카오스가 그렇다. 여기서 이야기할 내용은 양자물리학에서 이중슬릿으로 입자의 간섭 현상을 실험한 사례처럼 카오스의 핵심 내용에 관한 본보기다. 미래가 결정되어 있지만 예측할 수는 없는 현상의 특징을 이 모형으로 자세히 알아볼 것이다.

생태계라는 자연계는 매우 다양한 생물과 무생물이 복잡하게 상호작용하며 변화한다. 따라서 생태계의 구체적 변화를 정확히 예측하는 것은 쉬운 일이 아니다. 이런 상황에서도 변화에 대한 의미 있는 방정식을 만들 수 있다면 생태계 변화도 뉴턴 방정식의 예처럼 결정론적이고 예측 가능할까?

어느 호수에 잉어가 산다고 하자. 우리의 관심은 해가 변함에 따라 잉어의 수가 어떻게 변하느냐에 있다. 변화를 나타낼 수 있는 간단한 방정식을 세워보자. 복잡한 현실에 맞는 방정식을 만드는 것은 쉬운 일이 아니므로 다음 조건들을 전제로 생각해볼 것이다. 첫째로 매년 잉어 한 마리가 평균적으로 $r$개의 알을 낳고 죽는다고 가정한다. 둘째로 연속적 시간에 기초한 미분으로 표시되는 뉴턴 방정식과 달리 이전 해와 이듬해의 마릿수의 관계만 고려할 것이다. 1년 단위로 잉어의 마릿수 변화만 기술하도록 복잡한 생태계를 단순화한 것이다. 수학에서는 이러한 형태를 맵$^{map}$이라 부른다. 맵이란 $n$번째 값과 $n+1$번째 값 사이의 관계를 표현하는 관계식이다. 먼저 잉어에 대해 $n+1$번째 해의 마릿수 $N_{n+1}$이 전적으로 $n$번째 해의 마릿수 $N_n$에 의해 결정된다면 그 맵은 다음과 같다.

$$N_{n+1} = rN_n$$

첫해의 마릿수가 주어지면 $n$을 1씩 증가시키며 차례로 수를 계산한다. 이때 $r<1$이라면 잉어는 점점 줄어들어 결국 사라질 것이고, 반대로 $r>1$이라면 숫자가 점점 늘어나 호수를 가득 채울 것이다. 다시 말해 다른 효과를 무시하고 잉어가 낳는 평균 알의 개수만 고려하면 두 가지 경우만 가능할 것이다.

다음은 계산의 편의를 위해 $x_n = \frac{N_n}{N_{max}}$ 라고 하자. 이때 $N_{max}$는 호수에 살 수 있는 잉어의 최대 마릿수다. 어떤 상황에서도 잉어의 수는 이 값을 넘을 수 없다. 즉 $x_n$은 실제 잉어의 수와 가능한 최대 마릿수의 상대적 비율로 언제나 $0 < x_n < 1$을 만족한다. 그러므로 $x_n$은 항상 0과 1 사이에 있다. $x_n = 0$은 잉어의 소멸을, $x_n = 1$은 최대 마릿수에 도달했음을 의미한다. 이제 $x$를 이용해 앞의 관계를 다시 쓰면 다음과 같다.

$$x_{n+1} = r x_n$$

이를 선형 맵$^{\text{linear map}}$이라 부른다. $n+1$번째 해의 마릿수가 $n$번째 해의 수에 단순 비례(직선)하므로 이렇게 부른다.

그러나 생태계에 잉어 혼자만 사는 것은 아니다. 잉어의 먹이와 천적, 호수의 환경 조건에 따라 여러 가지가 달라질 수 있으므로 $n+1$번째 해의 마릿수가 $n$번째 해의 수에 단순 비례할 수 없다. 따라서 이 상황을 포함할 수 있는 새로운 항을 추가해야 한다. 가능한 예 중 하나로 다음과 같은 비선형 맵$^{\text{nonlinear map}}$을 생각할 수 있다.

$$x_{n+1} = r(x_n - x_n^2) = r x_n (1 - x_n)$$

이를 로지스틱 맵이라고 부른다. 추가된 비선형항 $-x_n^2$은 잉어의 수를 감소시키는 역할을 한다. 마지막 표현식에 의하면 $x_n$이 1에 가까워질수록 오히려 $(1-x_n)$은 점점 0에 가까워지기 때문에 전체적으로 다음 해의 마릿수를 간단히 알 수 없다. 특히 잉어가 낳는 평균 알의 수 $r$에 따라 크게 달라질 것이다.

이제 위의 비선형 맵을 통해 $r$값에 따라 잉어의 최종 마릿수 $x_n$(단, $n$은 충분히 큰 값)이 어떻게 될지 알아보자. 여기서 고려하는 비선형 맵은 실제 호수 생태계를 정확히 기술한다기보다는 간단한 수학 모형이라는 점을 기억하자. 즉 이 식은 단순한 주변 환경 속에서 마릿수라는 단일 변수의 변화를 나타낸다. 몇 가지 힘이 동시에 미치는 상황에서 한 입자의 역학적 운동을 기술하는 것과 다름없다. 카오스 현상은 이처럼 매우 간단한 수학적 모형을 갖는 단일 대상의 역학 운동에서 예측 불가능한 형태로 나타난다. 실제 생태계는 고려할 대상이 매우 많고 혼돈스러워 보이지만, 내부 질서 체계를 갖춘 '복잡계'에 속한다. 복잡계는 다음 장에서부터 자세히 다룰 것이다.

다시 비선형 맵으로 돌아가자. 앞의 $r$을 매개변수$^{parameter}$라고 한다. 첫 해의 마릿수는 $x_0 = 0.2$로 선택한다. 무척 간단하므로 계산기만으로 금세 알 수 있다. 여러 값에 대해 얻은 결과를 표 1에 정리했다.

$r = 0.5$의 경우 1보다 작은 값이므로 언제나 최종값은 0, 즉 소멸이다. $r = 2$일 때 최종값은 0이 아닌 0.5에 수렴한다. 즉 멸종은 일어나지 않으며 해가 바뀌어도 변하지 않는 하나의 값으로 고정된다. 실제로 $1 < r < 3$일 때 최종값은 $x_n = 1 - \dfrac{1}{r}$이다.

여기서 흥미로운 지점은 $r > 3$이다. $r = 3.2$에서 갑자기 최종값이 하나로 고정되지 않고 두 값 사이를 왔다 갔다 한다. 이 진동은 2년 주기로 일어나므로 '주기-2$^{period-2}$'라고도 하며 $3 < r < 1 + \sqrt{6} \simeq 3.44949$의 범위에서 일어난다. 그런 점에서 $0 < r < 3$의 경우를 주기-1로 표시할 수 있다. $r = 3.51$일 때$(3.44949 < r < 3.54409)$는 다시 4년을 주기로 같은

| $r = 0.5$ | $r = 2$ | $r = 3.2$ | $r = 3.51$ | $r = 3.548$ | $r = 3.567$ | | $r = 3.65$ |
|---|---|---|---|---|---|---|---|
| $x_n = 0$<br><br>소멸 | $x_n = 0.5$<br>주기-1<br>(고정값) | $x_n$<br>$= 0.799455$<br>$x_{n+1}$<br>$= 0.513045$<br><br>주기-2<br>(2년 주기) | $x_n$<br>$= 0.825019$<br>$x_{n+1}$<br>$= 0.506713$<br>$x_{n+2}$<br>$= 0.877342$<br>$x_{n+3}$<br>$= 0.377722$<br><br>주기-4<br>(4년 주기) | $x_n$<br>$= 0.82625$<br>$x_{n+1}$<br>$= 0.509354$<br>$x_{n+2}$<br>$= 0.88669$<br>$x_{n+3}$<br>$= 0.356472$<br>$x_{n+4}$<br>$= 0.81391$<br>$x_{n+5}$<br>$= 0.537382$<br>$x_{n+6}$<br>$= 0.882042$<br>$x_{n+7}$<br>$= 0.369148$<br><br>주기-8<br>(8년 주기) | $x_n$<br>$= 0.831111$<br>$x_{n+1}$<br>$= 0.500683$<br>$x_{n+2}$<br>$= 0.891748$<br>$x_{n+3}$<br>$= 0.344334$<br>$x_{n+4}$<br>$= 0.805315$<br>$x_{n+5}$<br>$= 0.559244$<br>$x_{n+6}$<br>$= 0.87923$<br>$x_{n+7}$<br>$= 0.37876$ | $x_{n+8}$<br>$= 0.839318$<br>$x_{n+9}$<br>$= 0.481057$<br>$x_{n+10}$<br>$= 0.89047$<br>$x_{n+11}$<br>$= 0.347901$<br>$x_{n+12}$<br>$= 0.80923$<br>$x_{n+13}$<br>$= 0.550661$<br>$x_{n+14}$<br>$= 0.882595$<br>$x_{n+15}$<br>$= 0.369616$<br><br>주기-16<br>(16년 주기) | 주기 없음<br>카오스 |

표 1 • 여러 매개변수 $r$값의 변화에 따른 $x_n$의 최종값들.

값들이 반복된다. 이를 '주기-4'로 부르며, $r = 3.548$일 때는 8년을 주기로 반복되는 '주기-8', $r = 3.567$일 때는 16년을 주기로 반복되는 '주기-16'이 된다. 표 1에서는 각 주기의 범위에 속하는 한 $r$값에 대한 결과를 나타냈다. 표에 나타나진 않았지만 $r = 3.569$에서는 32년을 주기로 반복되는 '주기-32'가 된다. 이처럼 $r$값이 증가함에 따라 최종값의 주기가 2배로 증가하는 과정을 주기 배가period doubling라고 한다. 그러다 $3.56995 \leq r < 4$에서는 주기가 ∞ 상태인 카오스에 이른다. 이 값들에서는 해가 바뀜에 따라 최종 잉어의 마릿수가 한 번도

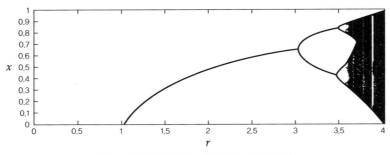

**그림 1 •** $r$값의 변화에 따른 $x_n$의 최종값(ⓒ위키피디아).

같지 않고 어떠한 규칙성도 사라진다. 그야말로 혼돈이라 부르는 상태다.[22]

표 1의 결과를 근거로 그림을 그릴 수도 있다. $r$값의 변화에 따른 $x_n$의 최종값들을 그리면 그림 1과 같다.

먼저 $r < 1$에서는 언제나 소멸하게 되므로 $r$의 최종값은 0이 된다. 다음 $1 < r < 3$에서 최종값은 0이 아닌 특정 값 $1 - \frac{1}{r}$에 수렴한다. 표에서 주어진 대로 $r = 2$일 때 최종값이 0.5가 됨을 알 수 있다.

$r$이 3을 넘어서면 주기-2, 주기-4, ……들이 나타난다. 주기 배가 현상이 매우 좁은 간격으로 일어나고 주기가 커질수록 간격이 더 좁아지기 때문에 그림으로 정확히 확인할 수는 없지만 $r = 3.56995$에 이르면 주기-$\infty$, 즉 완전한 카오스에 이른다. 단 한 번도 동일한 값이 나오지 않으면서 특정 범위 내의 모든 값이 나타난다. 이처럼 카오스는 분명 아무 규칙 없이 제멋대로인 값들로 이루어지지만 주

---

22 이 영역에서도 모든 $r$값에 대해 항상 주기-$\infty$인 것은 아니다. 신기하게도 특정 값에서는 주기-3이 나타나기도 한다.

기-∞는 결국 주기-2, 주기-4, ……의 과정이 무한히 진행된 결과로 성립한다. 이 과정을 그림 1에서 쌍갈래질$^{bifurcation}$ 형태로 확인할 수 있다. 카오스라는 예측 불가능한 현상에서 무척 중요한 질서의 모습들을 발견할 수 있다. 카오스는 그저 카오스인 것이 아니라 카오스를 향해 가는 규칙적 절차(주기 배가)가 있다. 질서가 전혀 없어 보이는 결과는 주기 배가처럼 규칙적인 과정이 계속 반복되어 생긴다. 혼돈 속에 질서가 존재하는 것이다.

## 나비효과, 작은 차이가 불러온 엄청난 결말

이 간단한 모형으로부터 무엇을 알 수 있을까? 첫째, 잉어의 운명은 맵을 통해 이미 결정되어 있다. $r$과 첫해의 값 $x_0$만 주어지면 어떤 경우에도 정확한 수치가 주어진다. 이 상황은 $r$이 카오스 영역에 해당하는 값이더라도 마찬가지다. 따라서 계산만 틀리지 않으면 최종적인 잉어의 마릿수가 정확히 결정된다. 비선형 맵도 특별히 다르지 않은 듯하다.

그런데 아직 확인하지 않은 놀라운 사실이 숨어 있다. 앞에서도 이야기했듯 뉴턴 방정식의 경우 초깃값을 입력하는 과정에서 언제나 오차가 동반되기 마련이지만 그 오차는 시간이 지나도 크게 증폭되지 않기 때문에 최종 결과도 정확한 값 주변에 머문다. 그런데 로지스틱 맵에서 $r$값이 카오스 영역에 해당하는 경우(3.56995 이상)에는 그렇지 않다. 표 2는 $r = 3.75$일 때 첫해의 마릿수 $x_0$를 약간씩 다르게 정하고 시간이 지남에 따라 변하는 수를 나타낸 것이다. 11년 정도까지

| $x_0$ | 0.2000 | 0.2005 | 0.2010 |
|---|---|---|---|
| $x_1$ | 0.6 | 0.601124 | 0.602246 |
| $x_{11}$ | 0.937267 | 0.9375 | 0.937272 |
| $x_{21}$ | 0.289299 | 0.801989 | 0.297529 |
| $x_{31}$ | 0.928953 | 0.564783 | 0.578388 |
| $x_{41}$ | 0.45343 | 0.31871 | 0.828812 |

표 2 • $r=3.75$일 때 미세하게 다른 초기 조건에 따라 변화하는 $x_n$의 값.

는 값이 비슷하지만 이후로는 전혀 다른 값이 나온다. 처음에 무척 근접했던 값들이 시간이 지나면서 점점 벌어진다. 이를 나비효과butterfly effect라고 한다. '서울에 있는 나비의 날갯짓이 뉴욕에 폭풍우를 일으킬 수 있다'는 문장으로 상징되는 이 현상은 카오스에서 매우 중요한 현상이다.

생태계 구조는 매우 복잡해서 초깃값을 정확하게 입력하기란 거의 불가능하다. 따라서 언제나 작은 오차를 동반할 수밖에 없다. 이 사례에서 첫해의 마릿수 $x_0$는 정확히 알 수 있다 하더라도 최대한 많아질 수 있는 마릿수 $N_{max}$의 값을 정확히 정하기는 쉽지 않다. 결국 $x_0$를 정확히 알 수 없다. 앞서 살펴본 용수철 운동과 달리 그 오차가 시간이 지나며 증폭되기 때문에 계산으로 얻은 최종값은 차이가 크다. 간단한 맵(방정식)을 통해 잉어의 운명이 '결정되어 있지만 우리는 정확히 예측할 수 없다.' 그래서 이러한 상황을 '결정론적 카오스deterministic chaos' 라 부른다.

## 파이겐바움 상수, 카오스의 또 다른 공통점

다음 그림은 앞에서 이야기한 주기 배가 과정을 더 간결하고 보기 쉽게 그린 것이다. 여기서 카오스 현상의 또 다른 보편적 규칙을 볼 수 있다.

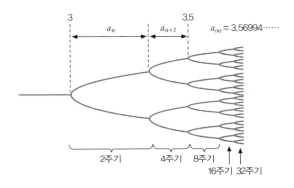

**그림 2** • 쌍갈래질 도표와 프랙털. 여기에서는 32주기까지만 나타냈지만 쌍갈래질은 무한히 계속된다.

그림처럼 주기 간격을 $a_2, a_3, \cdots\cdots, a_n, \cdots\cdots$이라고 하면 매우 큰 $n$값에 대해 연속하는 두 값의 비 $\frac{a_n}{a_{n+1}}$는 $4.669201\cdots\cdots$값을 갖는다.

이 수치를 계산한 수학자는 미국 수리물리학자 미첼 파이겐바움 (1944~2019)이다. 1975년 마침 등장한 휴렛패커드 HP-65 포켓용 계산기로 계산했다고 한다.[23] 그의 이름을 따서 이 값을 파이겐바움 상수라 부른다. 그리 특별해 보이지 않는 이 상숫값의 의미는 무엇일까? 놀랍게도 지금까지 소개한 로지스틱 맵 이외에 주기 배가를 보여

23 제임스 글릭, 《카오스》(박배식, 성하운 옮김, 동문사, 1993), 213쪽.

주는 다른 경우, 심지어 더 복잡한 경우에도 모두 같은 파이겐바움 상수를 갖는다는 점이다. 예를 들어 로지스틱 맵 대신

$$x_{n+1} = r\sin\pi x_n$$

으로 주어지는 맵에 대한 주기 배가에서도 동일한 파이겐바움 상수를 확인할 수 있다. 카오스는 모두 주기 배가 과정을 거치는 동시에 같은 파이겐바움 상숫값을 가진다.

## 카오스와 프랙털

이제 카오스와 관련된 현대 수학의 혁명으로 불리는 프랙털을 이야기할 차례이다. 그림 2의 쌍갈래질 그래프에서는 하나의 선이 둘로 갈라지는 과정이 끊임없이 반복된다. 이 그래프의 주요 특징은 그래프 전체와 일부가 완전히 같다는 점이다. 부분과 전체의 모양이 동일한 구조,[24] 부분이 전체를 담고 있어서 부분과 전체를 구분할 수 없는 이 특이한 구조는 전통적 기하학에서 고려하지 않았다.

또한 그래프에서는 주기 배가를 거듭함에 따라 가지가 2배씩 증가하는 반면 그 간격은 점점 짧아지기 때문에 주기-∞에 이르러서는 무수히 많은 점의 집합이 된다. 유한한 거리를 채우고 있지만 실제 길이가 0이 되는 이상한 도형이 된다. 이것은 길이가 0이기 때문에 선이

---

**24** 프랙털 기하학에서는 이 성질을 자기 유사성self-similarity이라 한다.

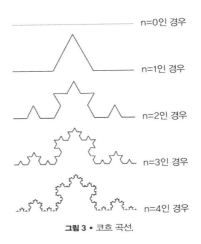

n=0인 경우

n=1인 경우

n=2인 경우

n=3인 경우

n=4인 경우

**그림 3 • 코흐 곡선.**

아니고, 유한한 영역을 채우고 있기 때문에 점이라고 볼 수도 없다. 선도 아니고 점도 아닌 도형이다. 이처럼 독특한 도형을 기술하는 수학 영역이 바로 프랙털 기하학이다. 자연에 수없이 존재하는 복잡하고 무질서한 형태를 간단한 규칙의 반복으로 나타내는 놀라운 역할을 한다.

프랙털을 발견하고 새로운 기하학으로 체계화한 인물은 폴란드 태생의 프랑스·미국 수학자 브누아 망델브로(1924~2010)다. 흥미롭게도 그가 던진 첫 질문은 우리나라 서·남해안만큼이나 굴곡이 심한 영국 해안선의 총길이가 어느 정도냐는 것이었다. 이 질문은 백과사전이나 영국 정부의 공식 문서에서 답을 찾을 수 있는 단순한 문제 아닐까? 그렇지 않다. 그리 간단한 문제가 아니다. 왜냐하면 해안선 길이는 측정에 사용하는 자에 따라 달라지기 때문이다. 예를 들어 길이가 1킬로미터인 막대를 가지고 해안선을 따라 측정하면 1킬로미터보다 범위가 작은 굴곡은 잴 수 없다. 그러므로 작은 막대로 잴수록 결과가 정확해질 것이라고 생각할 수 있다.

문제는 측정용 막대가 짧아질수록 결과가 점점 더 커진다는 것이다. 실제로 굴곡은 아주 작은 크기에도 존재하므로 막대가 무한히 짧아지면 해안선의 길이는 무한히 커질 것이다. 그런데 영국의 국토 면적은 분명 유한하다. 따라서 넓이는 유한하지만 둘레는 무한히 긴 이상한 도형이 얻어진다.

이 도형은 20세기 초 스웨덴 수학자 헬리에 폰 코흐(1870~1924)가 생각했던 코흐 곡선과 성질이 같다. 그림 3의 코흐 곡선은 다음과 같은 방식으로 그린다.

❶ 먼저 길이 1인 선분에서 시작한다. ($n=0$인 경우)
❷ 세 등분해서 중간 부분을 삼각형이 되도록 길이가 같은 두 개의 선분으로 대치한다. ($n=1$인 경우)
❸ 모든 선분에 대해 동일한 과정을 무한 반복한다. ($n=2, 3, \cdots\cdots \infty$인 경우)

과정을 반복할수록 선분 하나의 길이는 $\left(\frac{1}{3}\right)^n$배만큼 줄어드는 반면 선분의 개수는 $4^n$배로 증가하기 때문에 곡선의 길이는 무한히 증가한다. 유한한 영역을 차지하는 곡선의 길이가 무한해지므로 영국 해안선과 동일한 성질을 갖게 된다.

## 정수가 아닌 소수의 차원, 프랙털 차원

여기서 프랙털 차원이 도입된다. 보통 기하학에서는 점을 0차원, 선은 1차원, 면은 2차원, 그리고 공간은 3차원이라고 한다. 그렇다면 복잡한 해안선이나 코흐 곡선은 몇 차원 도형일까? 아마도 선과 면의 중간 정도일 것이다. 구체적으로 몇 차원인지 알아보자. 먼저 일상적인 차원을 다음과 같이 이해해보자.

하나의 선분이 있다고 하자. 이 선분을 3등분하면 3개의 선분으로 나뉜다. 도형의 차원을 $D = \dfrac{\log(\text{선분의 개수})}{\log(\text{등분한 수})}$로 정의하면 $D = \dfrac{\log 3}{\log 3} = 1$차원이 된다. 2차원 정사각형에도 적용해보자. 각 선분을 3등분하면 총 아홉 개의 정사각형으로 나뉜다. 이로부터 정사각형의 차원은 $D = \dfrac{\log 9}{\log 3}$ 이며 그 값은 2, 즉 2차원이 된다. 정육면체에도 이를 적용하면 총 27개의 정육면체로 나뉘기 때문에 $D = \dfrac{\log 27}{\log 3} = 3$, 즉 3차원이 된다. 이처럼 차원을 계산하는 방법을 박스 계수법$^{\text{box counting}}$이라 한다(그림 4). 일상적인 기하학적 차원과 정확히 일치한다.

그렇다면 코흐 곡선은 어떨까? 동일한 논리로 코흐 곡선을 3등분할 때 네 개의 선분으로 나뉘므로 $D = \dfrac{\log 4}{\log 3} \simeq 1.262$차원이 된다. 즉 1차

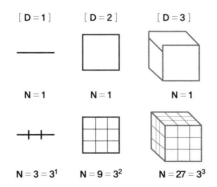

**그림 4 •** 박스 계수법을 이용한 차원 계산.

원과 2차원 사이의 값을 갖는다. 이처럼 프랙털 차원은 일상적 정수가 아닌 소수의 차원으로 표시된다. 영국 해안선의 프랙털 차원은 이처럼 간단히 계산할 수 없지만 컴퓨터를 이용하면 근사치를 얻을 수 있는데, 알려진 결과는 약 1.25차원으로 코흐 곡선과 비슷하다. 코흐 곡선과 영국 해안선의 굴곡이 비슷하다고 볼 수 있다. 우리나라 서·남해안은 복잡한 정도가 세계적이기 때문에 영국 해안선보다 프랙털 차원이 더 클 것이다.

## 어디에나 있는 프랙털 구조

자연의 프랙털 구조는 해안선 외에도 무척 많다. 멀리 갈 것도 없이 우리 몸 안에서 쉽게 찾아볼 수 있다. 인간의 뇌는 다른 동물보다 크고 주름이 많다. 뇌의 주름을 펴면 면적이 커다란 식탁보 정도라고 한다. 그렇다면 뇌에 주름이 있는 이유는 무엇일까? 기본적으로 자연은 주어진 조건에서 최대의 효율을 얻으려 한다. 뇌에 주름이 있는 이유는 작은 공간 안의 면적을 가능한 한 넓히면 많은 신경세포를 담을 수 있어서 많은 일을 처리할 수 있기 때문이다. 유한한 부피를 채우고 있지만 면적이 무한히 증가하는 도형, 즉 프랙털 구조가 될 수밖에 없다. 그 차원은 2차원과 3차원 사이의 값일 것이다. 허파도 작은 공간 안에서 많은 산소를 흡입하기 위해서는 프랙털 구조를 띠어야 한다. 혈액순환을 담당하는 혈관도 미세한 구조로 계속 갈라지는 프랙털 구조를 띤다. 건강한 사람의 심장박동을 정밀하게 측정하면 약간 불규칙하다. 몸 상태에 따라 빨라지기도 느려지기도 하는데 이 변화도 프랙털적이다.

숲에서 자라는 나무들의 가지도 프랙털 형태로 뻗어 있다. 제한된 공간에서 가능한 한 많은 태양빛을 받도록 스스로 만들어내는 구조다. 구름이나 번개, 바다의 산호도 마찬가지다. 이와 더불어 인터넷망이나 규칙성이 없어 보이는 주가 변동 그래프 등과 같은 사회현상들도 프랙털 구조에 속한다. 망델브로는 경제학에도 손대면서 사람들의 소득분포를 연구했는데, 이와 관련하여 하버드대학교에서 강연한 적이 있었다. 망델브로는 자신을 초청한 경제학과 교수의 칠판에 자신의 이론과 같은 도표가 그려진 것을 보고 놀라 "강연 전인데 어떻게 내 도표가 그려져 있나요?"라고 물었다. 사실 그 도표는 소득분포가 아니라 8년 동안 변화한 면화 가격을 나타낸 것이었다. 서로 다른 두 현상이 프랙털 구조로 연결되어 있었던 것이다.[25]

문화예술 분야에서도 프랙털 구조를 통해 세계를 새롭게 인식하고자 하는 흐름이 생겨났다. 대표 주자는 바로 판화가 마우리츠 코르넬리스 에셔(1898~1972)다. 그가 1960년에 발표한 〈천국과 지옥〉은 양극단의 존재인 천사와 악마가 쌍을 이루며 전체 우주를 프랙털 형태로 가득 채우는 모습을 보여준다. 선과 악이란 서양인 특유의 이분법을 넘어 우리 세계는 둘의 조화로 이루어지며, 이 조화는 프랙털 구조처럼 어디서나 나타난다고 본 것이다.

특히 망델브로가 프랙털이란 용어를 만들고 본격적으로 연구를 시

---

**25** 제임스 글릭, 앞의 책, 105쪽.

**그림 5 •** 폴 세잔의 〈사과 바구니가 있는 정물〉(1895).

작한 1975년보다 15년이나 앞서 에셔가 이 작품을 발표한 점도 매우 흥미롭다. 19세기 말 아인슈타인의 상대성이론이 등장하기 전에 폴 세잔 같은 후기인상파 화가들이 상대적·다원적 시각으로 정물화를 그린 것처럼 예술이 오히려 과학자보다 앞서 사물을 인식하는 새로운 방식을 제시했다고 할 수 있다(그림 5).

국토의 70퍼센트 이상이 산지인 우리나라의 산과 강줄기의 풍경도 주름이 많은 프랙털 구조다. 겸재 정선(1676~1759)의 〈금강전도〉는 에셔의 〈천국과 지옥〉처럼 인위적으로 만들어낸 구조가 아닌 국토 자체의 프랙털 성격을 잘 묘사하고 있다. 우리 민족은 수천 년 동안 이처럼 '채워진 산'과 '텅 빈 골짜기'가 조화를 이루는 지형에 깃들여 살면서 나름의 독특한 문화를 만들었다. 상징물 앞에서 줄 서서 한 팀씩 사진을 촬영하는 서양인들과 달리 모르는 사람들이 뒤섞인 가운데서 너도나도 각자 사진을 찍는 우리 문화도 그 사례 중 하나가 아닐까. 질서가 없어 혼잡해 보이지만 누구든 서로의 사진 속에 들어와도 좋다는 넉넉한 마음이 느껴진다. 문화 연구자 심광현은 "우리 전통문화에는 자연의 불규칙한 상태를 있는 그대로 껴안거나 활용하는 태도가 배어 있다"라고 보고 이를 '프랙털 흥'이라고 불렀다. 프랙털 흥의

**그림 6 •** 겸재 정선이 1734년(영조 10) 그린 〈금강전도〉로 국보 217호로 지정되어 있다.

3장 × 카오스와 코스모스

미학은 자연과 예술에 국한되지 않고 사람들의 한이나 흥과 같은 정서에도 프랙털한 형태로 나타나는데, 그것은 자연환경과 인간의 삶은 늘 상호작용하고 있기 때문이다. 나아가 전통 음식이나 건축, 복식, 한의학 등을 망라한 생활문화 전반에서 일관되게 나타나는 것도 같은 이유이다. 심광현은 새마을운동으로 이 모든 전통을 청산한 근대화를 벗어나 탈근대과학 관점으로 우리의 세련된 문화를 재발굴해야 한다고 역설했다.[26] 전 지구적 위기를 맞고 있는 지금 막무가내로 산천을 파헤치는 일은 더 이상 하지 말아야 한다.

## 이상한 끌개

앞에서 간단한 수학적 맵을 통해 카오스의 보편적 성질과 프랙털 기하학을 살펴보았다. 다시 카오스로 돌아가보자. 로지스틱 맵으로 기술되는 상징적 사례가 아닌 실제 자연의 카오스 현상도 많이 찾아볼 수 있다. 카오스의 선구자인 기상학자 에드워드 로렌즈(1917~2008)는 3차원 공간에서 나타나는 대기의 대류를 연구했다. 연구를 위해 그가 세운 미분방정식은 앞에서 언급한 뉴턴의 운동방정식과 달리 비선형항을 포함했다.

$$\frac{dx}{dt} = a(y-x), \quad \frac{dy}{dt} = -xz+bz-y, \quad \frac{dz}{dt} \ xy-cz$$

---

[26] 심광현, 《홍한민국》(현실문화연구, 2005). 이 사실들에 대한 이론적 근거는 심광현의 《프랙탈》(현실문화연구, 2005)을 참조하라.

각 변수의 의미는 다음과 같다. $x$는 순환하는 대기의 속도에 비례하는 양이고, $y$는 상승하는 대기와 하강하는 대기 사이의 온도 차다. $z$는 상승 고도에 따른 온도 변화가 직선으로부터 벗어난 정도를 나타낸다. 복잡하게 느껴진다면, 순환하는 대기의 속도와 온도 변화에 관련된 양이라고 정리해도 좋다. 여기서 변수들의 곱으로 표시된 $-xz$(둘째 식)와 $xy$(셋째 식)항에 의해 비선형이 된다.

매개변수(로지스틱 맵에서 $r$과 같은 역할이다)의 $a$, $b$, $c$값을 컴퓨터에 입력하여 앞의 방정식을 풀면 특정 대기의 변화 패턴이 나타난다. 변화를 보기 위해 변수들 $x$, $y$, $z$로 이루어진 3차원 공간을 설정할 수 있다. 이를 위상공간<sup>phase space</sup>이라고 한다. 위상공간에서 한 점은 특정 시간의 전체 상태를 나타낸다고 할 수 있다. 로렌즈 방정식 계산으로부터 얻은 $x$, $y$, $z$값의 궤적을 그린 결과가 유명한 나비 날개 모양 또는 올빼미 모양 그림이다(그림 7). 이 그림에서 로렌즈가 사용한 매개변수는 각각 $a = 10, b = 28, c = \frac{8}{3}$ 이다. 미분방정식을 풀어 얻은 변수 $x$, $y$,

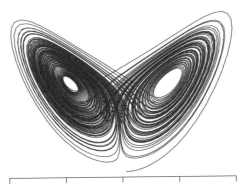

**그림 7** • 에드워드 로렌즈가 얻은 그래프로 '이상한 끌개'라 부른다(ⓒ위키피디아).

3장 × 카오스와 코스모스

$z$값의 궤적은 그림처럼 위상공간에서 어느 한 값으로 수렴하지 않고 계속 변화한다.

이 그림을 이상한 끌개strange attractor라고 한다. 왜 이런 이상한 이름이 붙었을까? 먼저 끌개의 개념을 알아보자. 예를 들어 마찰이 있는 용수철을 진동시키면 진폭이 점점 감소하며 결국 정지한다. 이를 적절한 위상공간에 나타내면 용수철에 매달린 물체의 궤적이 점점 원점으로 수렴하므로 원점을 끌개라고 한다. 용수철에 마찰이 없는 이상적인 상태라면 주기적 왕복운동을 계속할 것이다. 이때 역시 물체의 위치는 원점으로 수렴하지 않지만 언제든 정확히 예측할 수 있다. 따라서 위상공간에서 나타내면 언제나 동일한 궤적을 반복적으로 그릴 것이다. 이 경우에는 한 점이 아닌 일정하게 반복되는 궤적(타원)이 끌개가 된다.

그렇다면 이상한 끌개는 무엇일까? 위상공간의 끌개가 점이나 규칙적 궤적이 아니라 로렌즈가 얻은 것처럼 매우 복잡한 경우에 해당한다. 자세히 보면 수많은 궤적이 한 번도 만나지 않으면서 위상공간 내의 유한한 영역 안에서 돈다. 대기 시스템의 상태가 단 한 번도 동일하지 않다는 의미다. 또한 매개변수를 아주 조금 바꿔도 궤적이 크게 달라진다. 나비효과가 나타나기 때문이다. 그러므로 날씨를 장기적으로 예측하기가 원천적으로 불가능하다. 이상한 끌개는 유한한 영역 안에 무한히 많은 궤적으로 가득 차 있는 전형적인 프랙털 구조다.

이 상황은 로지스틱 맵에서도 같다. $r < 1$일 때 마릿수는 0으로 수렴한다. 또 $1 < r < 3$일 때도 0이 아닌 한 값으로 수렴한다. 즉 어느 한

점이 끌개다. $r > 3$이 되면 주기 배가가 시작되고 이때부터 끌개가 복잡해지기 시작한다. 주기 $-\infty$인 카오스 영역에 이르면 쌍갈래질 도표에서 유한한 영역의 무수히 많은 점이 끌개가 된다. 이상한 끌개라 할 수 있는 이것도 프랙털 구조를 띤다.

카오스 현상은 로렌즈가 연구한 기상현상 말고도 변화를 기술하는 방정식이 비선형인 수많은 계에서 나타난다. 물의 흐름이 일방향인 수도꼭지를 천천히 열면 물방울의 낙하 주기가 주기 배가를 보이며 결국 카오스의 흐름이 된다. 그 밖에도 빠르게 흐르는 액체, 피어오르는 담배 연기, 주기적 힘이 가해지는 진자, 반도체 등이 연결된 전기회로의 전류 흐름, 심장박동의 불규칙성, 네모가 아닌 스타디움<sup>stadium</sup> 형태를 띤 당구대에서 당구공이 그리는 궤적 등이, 결정되어 있지만 예측은 불가능한 카오스 시스템의 좋은 예다. 우리가 대기가 있는 지구 생태계에 살면서 사회를 이루고 경제활동을 하는 한 예측 불가능한 카오스로부터 벗어날 수 없다는 의미다.

## 카오스의 기원과 확장

우주가 정확한 법칙에 따라 한 치의 오차도 없이 돌아간다는 믿음으로부터 벗어난 첫 과학자는 19세기의 위대한 수학자 앙리 푸앵카레(1854~1912)다. 스웨덴 국왕 오스카 2세(재위 1872~1907)는 자신의 생일 파티에서 수학 경시대회를 열고 수학자들로 하여금 태양계의 행성들이 안정된 궤도를 유지할 수 있느냐는 문제를 풀도록 했다. 푸앵카레는 태양을 포함하여 세 개의 천체로 구성된다고 가정하면 결과가 불규칙하고 예측 불가능하다는 점을 알아냄으로써 경시대회에서 우승했다. 이어 오류를 수정한 후 1890년 최초로 세 개 이상의 물체가 관여된 운동에서는 궤도를 예측하기가 불가능하다는 논문을 발표했다. 아마도 최초로 과학 영역에서 카오스 현상이 드러나는 사건이었다. 뉴턴의 만유인력 법칙에 의해 천체들이 언제나 예측할 수 있게 움직일 것이라는 오랜 믿음에 균열을 낸 이 선구적 업적은 당시에 거의 알려지지 않았다. 기상학자 로렌즈가 컴퓨터로 나비효과를 밝혀낸 시점보다 70년이나 앞선 일이었다. 태양 이외의 다른 모든 천체의 영향을 무시할 때만 지구의 운동을 완벽하게 예측할 수 있을 뿐 실제 상황은 많은 천체의 영향 때문에 카오스를 포함한다. 질서 속 혼돈 역시 일상적인 지구의 운동에서도 나타난다. 완벽해 보이는 질서 속에 혼돈이 존재하는 것이다.

카오스를 적극 고민하기 시작한 사람은 수학자와 과학자뿐만이 아니었다. 20세기가 출발한 1900년에 생을 마감한 철학자 프리드리히 니체는 철학적 주제로 삼은 카오스를 통해 질서 없음이 오히려 창조와 생성의 가능성을 지닌 상태라고 보았다. 코스모스를 잉태하기 위한 전제 조건이 아니라 카오스 자체가 우주의 본질을 구성한다고 본 것이다.[27]

근대 세계의 인류가 자연으로부터 질서와 규칙을 찾아냄으로써 자연을 지배하려 했지만, 자연의 본질은 질서를 넘어선 카오스를 통해 새로운 것들을 생성하는 존재라는 사실을 니체는 인식했다. 현대 과학의 카오스 세계관과 일치하는 생각이다. 그런 점에서 다윈, 맑스, 니체가 활동한 19세기는 분명 20세기 현대 문명의 요소들을 잉태한 중요한 시대였다.

니체의 계승자이자 20세기 포스트모더니즘 철학을 대표하는 질 들뢰즈는 '카오스모스'라는 개념을 통해 세계는 카오스와 코스모스가 어우러져 역동적으로 작동한다고 보았다. 이 책에서 이야기하려 하는 생각과 무척 가깝다. 또한 카오스와 프랙털 기하학, 그리고 뒤에서 소개할 복잡계 과학이 1970년대 포스트모더니즘 논의가 한창일 때 본격적으로 나타난 현상은[28] 과학과 철학이 동반자로서 함께 전진하고 있음을 말해준다.

이제 우리의 세계는 매우 간단한 시스템이라 하더라도 선형적이고 질서정연한 모습만으로 돌아가지는 않는다는 점을 알았다. 언제나 틀림없이 똑딱거리는 진자 운동이나 변함없이 사계 순환을 일으키는 지구의 공전이 완전한 질서처럼 보이지만 이면에는 카오스가 스며들어 있다. 교과서에서 만나는 결정론적이고 예측 가능한 현상들은 이상적 환경을 설정하여 생기는 근사치일 뿐이다.

카오스는 질서 자체가 배제된 질서 이전의 현상이 아니다. 하나의 현상이 매개변수의 변화에 따라 주기 배가를 거치며 완전한 질서로부터 카오스로 전이하는 보편적 과정이 존재하며, 그 과정의 구조적 형태가 프랙털이다. 카오스는 완전한 질서가 무한 반복적으로 이분

---

**27** 이재걸, 〈탈 - 인간중심적 사유로서의 카오스 이론 - 니체, 들뢰즈 그리고 예술〉,《미술문화연구》 18(2020), 111~133쪽.

**28** 이재걸, 앞의 논문, 130쪽.

되어 나타나는 극한적 상황이다. 그 과정에는 보편성이 존재한다. 카오스 속에 보편성이 있고, 질서가 내재한 세계 안에 카오스가 스며들어 있다. 이 세상은 카오스와 코스모스가 어우러진 카오스모스이기 때문이다.

이제 카오스 현상을 일으키는 단순한 대상에 관한 논의를 마치겠다. 다음 장에서는 단순한 운동과 달리 구성 요소가 많고 무질서와 혼돈처럼 보이지만 스스로 질서를 조직하며 변화하는 복잡계를 알아볼 것이다. 자연계에서 복잡계가 자리하는 영역은 완전한 카오스가 아닌 '카오스에 매우 근접한 가장자리'라는 점에서 카오스와 프랙털은 복잡계를 이해하는 데 매우 중요한 기초 이론이다.

4
장

데모크리토스와 에피쿠로스

데모크리토스와 에피쿠로스

역사를 통틀어 많은 책이 인류에게 지대한 영향을 미쳤다. 그중 같은 시대, 같은 지역에서 두 사람이 각각 저술한 다른 분야의 책에 관한 이야기로 이 장을 시작하려 한다. 때는 19세기 중반, 장소는 영국이다. 하나는 5년간의 세계 일주 항해를 마치고 돌아온 후 별다른 직업을 갖지 않고 런던 근교 자택에서 평생 진화를 연구한 찰스 다윈이 50세에 출간한 《종의 기원》(1859)이다. 다른 하나는 독일 태생이지만 영국에 정착하여 활동한 혁명가이자 사상가 카를 맑스가 49세에 출간한 《자본론》 1권(1867)이다. 당시 영국은 가장 먼저 산업혁명을 시작하여 다른 나라보다 자본주의가 발달했지만 동시에 많은 문제점을 드러내고 있었다. 노동자들에겐 생지옥이나 다름없었던 이 현장에서 자본주의를 분석하고 비판한 책이 《자본론》이다.

두 사람은 관계가 없는 주제를 다룬 듯하지만 실제로는 관련성이 크다. 맑스는 《자본론》 1권을 저술하면서 다윈의 《종의 기원》을 읽고 "역사의 계급투쟁에 대한 자연과학적 토대를 마련했다"라고 기뻐하며 자신의 책을 보냈다고 한다. 책을 받은 다윈이 읽었는지는 확실치 않지만 서재에 꽂혀 있었다고 한다. 그럼 두 책은 어떤 점에서 관련 있을까?

관련성을 살펴보기 위해서는 먼저 맑스가 쓴 박사 학위논문부터 이야기할 필요가 있다. 맑스는 23세 때인 1841년에 박사 학위를 받았는데, 논문 이름이 〈데모크리토스와 에피쿠로스 자연철학의 차이〉다. 자본주의를 분석한 그가 학문을 본격적으로 시작하는 시점에 고대 그리스 원자론자들에 관한 논문을 썼다는 사실을 아는 사람은 많지 않을 것이다. 따라서 앞의 피타고라스에 이어 그리스 자연철학자들 가운데 데모크리토스와 에피쿠로스의 원자론과 그 차이를 살펴보겠다.

## 데모크리토스의 원자론

먼저 데모크리토스에 관해 알아보자. 데모크리토스는 기원전 460년경에 태어나 기원전 380년경 사망했다고 알려져 있다. 피타고라스보다 100여 년 후의 인물로, 기원전 469년에 출생한 소크라테스와 비슷한 시기에 활동했다. 철학의 무대가 아테네로 이동하기 이전의 거의 마지막 자연철학자라고 할 수 있다. 데모크리토스는 아테네가 아닌 그리스 북부 도시 압데라의 부유한 가정에서 태어났다. 젊은 시절 바빌로니아, 이집트를 돌아다니며 기하학 등을 배웠고 멀리 인도에까지 갔다고 한다. 기원전 500년경 밀레투스에서 태어났다고 전해지는 레우키포스의 제자였다는 설도 있지만 정확하지는 않다. 데모크리토스는 원자론과 관련하여 방대한 저서 《자연철학에 대하여》를 남겼다고 하지만 현재는 전해지지 않고 다른 철학자들의 저서 여기저기에 그에 관한 글이 흩어져 남아 있다.

최초의 원자론자로 알려져 있는 데모크리토스의 주요 주장은 우주 전체가 '원자'와 '허공'으로 이루어져 있다는 것이다. 원자에 대해 이야기하기 전에 언급할 점이 있다. 데모크리토스가 허공을 인정한 사실은 당시로서는 매우 독창적인 생각이라는 점이다. 그보다 50년가량 앞서 남부 이탈리아에서 태어난 철학자 파르메니데스(기원전 510년경~기원전 450년경)의 사고를 뒤집었기 때문이다. 파르메니데스는 세상의 본질을 찾는 것을 넘어 존재 자체에 대해 최초로 질문한 철학자다. 이후 기나긴 역사에서 존재론에 대한 문제가 언제나 중요했던 것을 보면 파르메니데스의 영향이 매우 크다고 할 수 있다. 그는 감각적 인식과 관계없이 논리학으로 만물의 본질을 파악할 수 있다고 봤다. 따라서 인간이 감각적으로 인식하는 세계는 환상일 뿐이라고 했다.

존재에 대한 파르메니데스의 논리는 간단하다. 일단 '존재는 있고 무無는 없다'라는 공리에서 출발하면 존재가 아닌 것(비존재)은 있을 수 없다. 결국 세상은 존재들로 가득 차 있다. 허공 역시 공기로 차 있다고 할 수 있다. 결국 파르메니데스의 논리를 따르면 변화와 운동은 일어날 수 없다. 세계는 겉으로는 계속 변화하는 것처럼 보이지만 실제로는 그렇지 않고 언제나 현재에 머물러 있다고 하니 아리까리하다. 비슷한 시기에 '같은 강물에 두 번 발을 담글 수 없다'라면서 모든 것은 변한다고 주장한 철학자 헤라클레이토스(기원전 535~기원전 475)와 반대되는 생각이다. 변하지 않는 진리를 추구하는 현대 과학은 오랜 파르메니데스적 전통을 따른다고 할 수 있다.

파르메니데스의 사상은 그가 창시한 엘레아학파를 통해 이어졌는

데 후계자로는 역설로 유명한 제논(기원전 335년경~기원전 263년경)이 있다. 제논은 유명한 '아킬레우스와 거북', 그리고 '화살의 역설' 이야기를 통해 대선배 파르메니데스의 운동을 기발하게 부정하는 사례를 제시했다. 실제로 현상계에서 일어나는 운동이 사실은 논리적으로 모순이라는 것을 보임으로써 변화와 운동을 부정하는 파르메니데스의 사상을 뒷받침하기 위해서였다. 그러나 제논의 두 역설은 등비급수를 무한히 더한 값이 유한한 값이 될 수 있다는 사실을 몰라서 나온 주장이므로 현재는 문제로 여겨지지 않는다.

데모크리토스는 파르메니데스의 사상에 반기를 들고 운동의 실재성을 주장했다. 아마도 엘레아학파와 논쟁하는 가운데 나온 생각인 듯하다. 아무튼 그가 보기에 운동을 위해서는 실제로 움직이는 존재와 그 존재가 운동하기 위한 빈 공간이 필요했다. 그는 운동하는 존재란 무한히 많으면서 더 이상 나눌 수 없는 원자$^{atom}$라고 주장했다. 쪼갤 수 없다고 해서 원자의 크기가 없는 것은 아니다. 모양이 여러 가지지만 극도로 딱딱하여 나눌 수 없다고 주장했다. 또 원자는 종류가 무한히 많지만 질적으로는 차이가 없다고 보았다. 그렇다면 어떻게 물, 불, 흙, 공기 같은 물질의 성질이 다를까? 그 다름은 양적인 차이 때문에 생긴다고 봤다.

아리스토텔레스는 이와 관련하여 데모크리토스가 꽉 찬 것$^{pleres}$과 허공$^{kenon}$을 원소들$^{stoicheia}$이라 말하고, 꽉 찬 것을 있는 것$^{to on}$, 허공을 있지 않은 것$^{to me on}$이라 말했으며, 있는 것은 모양$^{rhysmos}$, 상호 접촉$^{diathige}$과 방향$^{trope}$이 다를 뿐으로, 문자 A는 N과 형태가 다르고 AN은 NA와 배

열이 다르며 I와 H는 위치가 다른 것과 마찬가지라고 말했다고 전하고 있다.[29]

　부정할 수 없는 오늘날의 원자론과 맥락이 놀랍도록 비슷하다. 현대 원자론에 따르면 원자는 더 쪼개질 수 있는 존재이긴 하지만 모든 원자는 오로지 양성자, 중성자, 전자의 개수로 구분된다. 가장 간단한 수소는 양성자 한 개와 전자 한 개로 이루어져 있고, 원자번호 2번인 헬륨은 양성자 두 개, 중성자 두 개, 전자 두 개로 수소보다 많은 입자로 이루어진다. 이 양성자나 전자는 수소 안에 있든 헬륨 안에 있든 동일하다. 단지 양적 차이가 두 원자의 특성 차이를 결정한다. 원자들은 다양한 화학적 결합으로 생기는 양과 구조의 차이를 통해 다양한 물질세계를 만들어낸다.

　파르메니데스를 지지한 아리스토텔레스는 데모크리토스의 원자론을 비판했다. 그는 원자 운동의 시원에 대해 강한 의문을 제기했다. 도대체 어떻게 원자가 처음 운동을 시작했느냐는 비판이다. 아리스토텔레스는 '부동의 동자unmoved mover'의 존재를 주장했지만 데모크리토스는 운동의 원인은 전혀 고려하지 않았다. 시작도 끝도 없이 운동은 영원하다고 본 것이다. 이 불멸의 원자들은 허공 속에서 직선 궤도를 그리며 서로 충돌함으로써 사물을 탄생시킨다. 이 운동으로 세계가 무수히 만들어지고 소멸하는 과정을 거친다.

　전기 작가 디오게네스 라에르티오스는 데모크리토스에 대해 "우

---

　**29** 콘스탄틴 J. 밤바카스, 《철학의 탄생》(이재영 옮김, 알마, 2012).

4장 × 데모크리토스와 에피쿠로스

129

주 전체의 근원은 원자와 허공이며, 다른 모든 것은 관습적으로 믿어지는 것들이다. 세계는 무수하며 생성하고 소멸한다. 어떤 것도 있지 않은 것에서 생성되지 않고, 있지 않은 것으로 소멸하지 않는다. 또한 원자들은 크기와 수가 무수하고 우주 전체 속에서 회오리치며 이동하고 혼합물인 불, 물, 공기, 흙을 낳는다. 이것들도 어떤 원자들로 이루어진 구조물이기 때문이다. 원자들은 단단한 성질이 있어 영향받지도 변화하지도 않는다. 태양과 달은 그런 미세하고 둥근 입방체들로 합성된 것이고 영혼도 비슷한 방식으로 혼합된 것이다. 영혼은 지성과도 같은 것이다. 우리가 보는 것은 모상들이 우리 눈에 떨어지는 데 따른 것이다"라고 했다.[30]

그리스 남부 펠로폰네소스의 엠페도클레스(기원전 490년경~기원전 430)도 만물의 본질이 물, 불, 흙, 공기 네 원소이며 그것들이 조합되어 만물을 이룬다고 주장했다. 그에 따르면 중요한 것은 네 원소 사이에 작용하는 힘인 사랑과 미움이다. 사랑은 원소들이 모여 사물을 이루게 하는 힘이고 미움은 사물을 분해하여 원소가 되도록 하는 힘으로 우리가 보통 말하는 감정과는 의미가 다르다. 엠페도클레스의 주장은 기본 물질 간의 상호작용을 최초로 언급한 사례일 것이다. 반면 데모크리토스는 네 원소 역시 원자에 의해 생성된다고 주장하고 두 가지 힘도 인정하지 않으며 오직 원자의 운동만 고려했다.

또한 데모크리토스는 원자는 운동을 통해 물질뿐만 아니라 살아

---

30 콘스탄틴 J. 밤바카스, 앞의 책.

있는 생명을 넘어 영혼도 생성해낸다고 생각했다. 그야말로 완벽한 유물론이라 하겠다. 영혼은 죽음과 함께 사라진다고 할 수 있다.

여기서 이후 소개할 에피쿠로스의 학설과 중요하게 다른 점이 나타난다. 데모크리토스의 원자론에 따르면 원자의 운동으로 생성되는 모든 것은 필연성에 의해 이루어진다. 무수히 많은 원자의 궤도는 인과적으로 이미 결정되어 있으며, 따라서 세계의 모든 것은 정확히 예정되었고 우연이란 있을 수 없다. 이것이 데모크리토스가 그린 우주의 참모습이다.

## 에피쿠로스와 루크레티우스의 원자론

데모크리토스를 이은 원자론자 에피쿠로스는 기원전 341년 태어나 기원전 271년에 사망했으므로 데모크리토스보다 약 100년가량 후세의 인물이다. 피타고라스의 고향 사모스섬에서 태어났으며 아테네에서 죽었다. 우리에게는 원자론자 이전에 쾌락주의자로 알려져 있다. 사실 그가 주장한 쾌락은 일반적 의미의 쾌락이 아니라 육체적·정신적 고통으로부터의 해방이다. 그는 삶에서 아타락시아$^{ataraxia}$라는 안정과 평온의 상태를 유지해야 하며, 이는 성과를 늘리기보다 욕구를 줄임으로써 가능하다고 했다. 또한 자신이 창립한 학파의 모임을 위해 정원을 만들고 처음으로 여성과 노예도 받아들임으로써 인간 평등사상을 설파했다.

안타깝게도 에피쿠로스의 저술은 거의 남아 있지 않지만 로마의 시인이자 철학자 루크레티우스(기원전 99~기원전 55)의 대서사시 《사물의 본성에 관하여*De rerum natura*》에 그의 철학이 잘 담겨 있다. 루크레티우스는 혼란스러운 로마 공화정 시대에 살았기 때문에 아타락시아를 천명한 에피쿠로스 철학을 동경하여 시를 쓴 듯하다. 총 6권의 책 중 1권과 2권이 에피쿠로스 원자론의 기본 원리와 원자의 운동과 모양 등에 관한 내용이다. 데모크리토스 원자설과의 차이를 잘 설명한 부분이다.

맑스가 루크레티우스의 《사물의 본성에 관하여》를 발굴하여 논문으로 드러내기 전까지 에피쿠로스의 원자론은 데모크리토스의 원자론을 그대로 물려받아 독창성이 없다고 평가되고 있었다. 물론 원자와 허공이 세계를 이루고 원자들의 양적 차이가 사물의 성질을 정한다는 원자론의 기본 전제는 비슷했다. 원자들의 직선 낙하운동과 충돌로 인해 세계가 변화한다는 점도 같다. 그러나 에피쿠로스는 세상이 이미 결정되어 있다고 생각하지 않았다. 다시 말해 원자의 직선 낙하운동 외에 결정론을 부정하는 또 다른 운동이 존재한다고 생각했다. 그 이야기가 《사물의 본성에 관하여》 2권에 묘사되어 있다.

원자들의 비껴남

이 주제와 관련해서 이것도 그대가 알기를 원하노라.
물체들이 자체의 무게로 인하여 허공을 통하여 곧장 아래로 움직이고 있을 때,
아주 불특정한 시간, 불특정의 장소에서 자기 자리로부터 조금,

단지 움직임이 조금 바뀌었다고 말할 수 있을 정도로 비껴났다는 것을.

하지만 만일 그들이 기울어져 버릇하지 않았다면,

모든 것은 마치 빗방울들처럼 깊은 허공을 통하여 아래로 떨어질 것이고,

충돌도 생기지 않았을 것이고, 타격도 일어나지 않았을 것이다.

기원들에게는, 그래서 자연은 아무것도 창조하지 못했을 것이다.[31]

에피쿠로스가 추가한 운동은 직선으로부터 벗어나는 편위declination 운동으로 클리나멘clinamen이라고도 한다(그림 1). 이제 맑스의 논문을 통해 이 운동을 이야기하겠다(이후 '맑스 논문'이라 함).[32] 에피쿠로스의 운동

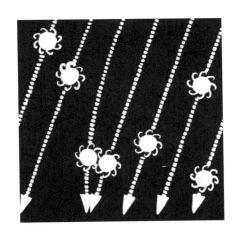

**그림 1 •** 에피쿠로스가 제시한 원자들의 우발적 편위인 클리나멘.

31 루크레티우스, 《사물의 본성에 관하여》(강대진 옮김, 아카넷, 2012).
32 카를 맑스, 《데모크리토스와 에피쿠로스 자연철학의 차이: 마르크스 박사 학위논문》(고병권 옮김, 그린비, 2001).

4장 × 데모크리토스와 에피쿠로스

에 대한 당시의 평가는 그리 좋지 않았던 듯하다. 루크레티우스와 같은 시대의 로마 정치가 키케로(기원전 106~기원전 43)는 에피쿠로스가 거짓말을 했다고 생각했다. 에피쿠로스는 원자가 아주 작은 이탈을 만들어낼 것이라고 했는데, 키케로가 보기에 이것은 불가능했다. 이 것으로부터 원자들 간에 복합체, 조합체, 응집 등이 생겨나고, 이로부터 세계와 세계의 모든 부분, 그리고 내용물이 생겨난다는데, 이 모든 것은 미숙한 창안물인 데다 에피쿠로스 자신이 원하는 것조차 이루지 못했다고 비판했다(맑스 논문 71~72쪽). 또 다른 글에서도 키케로는, 원자들이 무게와 중력으로 인해 아래로 운동함에도 불구하고 아주 작은 이탈을 만들어낸다는 에피쿠로스의 주장은 자신이 말하고 싶은 것을 변명하지 못한 것보다도 수치스러운 일이라고 신랄하게 비판했다(맑스 논문 72쪽). 또한 근거가 없음에도 원자의 충돌이 가능하도록 하기 위해 주장한 운동이라고도 했다.

반면 맑스는 클리나멘은 2차적이고 부차적인 운동이 아니라 세계를 구성하는 근본적 원리이며 자연학 전체를 관통하는 법칙이라고 주장했다. 즉 근본적 원리를 결정론적 관점으로부터 우연이 포함된 관점으로 변화시켰다(맑스 논문 77, 362쪽). 이를 맑스주의자 루이 알튀세르(1918~1990)는 '마주침의 유물론'이라 불렀다. 결과적으로 세계는 클리나멘으로 인한 우발적 마주침의 결과일 뿐이며, 따라서 세계는 어떤 의미나 목적으로 만들어지지 않았다(맑스 논문 77, 362쪽). 알튀세르의 표현도 살펴보자. 그가 저서 《철학과 맑스주의》에서 주장한 바에 따르면 클리나멘은 무한히 작은, 최대한으로 작은 편위로 어디서,

언제, 어떻게 일어나는지 모르는데, 허공에서 한 원자로 하여금 수직으로 낙하하다가 빗나가도록, 그리고 한 점에서 평행낙하를 극히 미세하게 교란함으로써 가까운 원자와 마주치도록, 그리고 이 마주침이 또 다른 마주침을 유발하도록 만든다. 이로써 연쇄적으로 최초의 편위와 마주침을 유발하는 일군의 원자들의 집합인 하나의 세계가 탄생한다.

에피쿠로스적 유물론자를 여행자에 비유한 사례도 흥미롭다. 알튀세르는 어디서 와서 어디로 가는지 모르는 채 달리는 기차(세계의 흐름, 역사의 흐름, 자신의 삶의 흐름)에 타는 사람에 유물론자를 비유했다. 그에 따르면 우연히 마주친 기차에 올라탄 유물론자는 객차의 설비를 발견하고, 주위를 둘러싸고 있는 사람들은 누구인지, 어떤 대화를 나누고 어떤 생각을 하는지, 그리고 어떻게 자신들의 사회적 환경이 드러나는 언어를 말하고 있는지를 발견한다. 반면 유물론과 대립되는 관념론 철학자란 열차가 어디서 출발해서 어디로 가는지 알기 때문에 출발역과 종착역(다시 말해 글자 그대로 여행의 목적지)을 아는 사람이다.[33]

이 비유에 따르면 개인의 삶을 넘어 우리 모두가 목적지가 정해지지 않은 여행자라고 볼 수 있다. 여행 중에 어떤 예기치 못한 일을 마주칠지 모르지만 언제든 우발적 마주침을 회피하지 않고 이후 전개되는 과정에서 또 다른 새로운 마주침을 이어가는 사건의 연속이 우리 사회가 걸어온 역사의 노정이다. **우리는 처음부터 정해진 역사의 흐**

---

♠ 33 루이 알튀세르,《철학과 맑스주의》(서관모, 백승욱 편역, 중원문화, 1996).

름 속에 수동적으로 적응하며 살아가는 존재가 아니라 끊임없는 마주침 속에서 변화하며 또 변화를 이끌어온 존재라는 뜻이다.

생물학자 찰스 다윈의 관점도 동일했다. 그에 의하면 오래전 탄생한 생명은 어느 초자연적 존재의 개입 없이 '자연선택'이라는 방식으로 장구한 시간에 걸쳐 진화해왔다. 진화는 결코 어떤 목적지를 향해 달려가는 과정이 아니라 생명이 환경과 적극 상호작용함으로써 서로를 변화시켜온 과정이다. 그 가운데서 변화에 적응한 종들은 생존하고 그렇지 못한 종들은 도태되면서 지금에 이른 것이다. 우리 인류는 결코 진화의 정점이 아니며 단지 수많은 진화 과정의 산물일 뿐이다. 맑스가 다윈의 《종의 기원》을 읽고 기뻐했던 이유는 바로 여기에 있다. 진화론은 6장에서 자세히 이야기할 것이다.

그런데 어떤 원인 때문에 클리나멘이 원자의 운동에 내재할 수 있을까? 물론 현대 과학과 달리 그리스 자연철학의 중심은 사상가의 사유와 관찰이라는 점에서 볼 때 뛰어난 통찰력을 갖춘 에피쿠로스의 사유의 산물일 것이다. 먼저 그 원인을 우리 자유의지의 원천으로 볼 수 있다. 우리는 때로는 선택의 갈림길에서 비합리적인 결정을 내리는데, 세계가 인과법칙에 따라 정해진 원자의 궤도로만 움직인다면 분명히 존재하는 자유의지를 설명할 길이 없어지기 때문이다.

맑스는 클리나멘을 나름 분석적으로 해석했다. 논문에서 그는 원자와 대립하는 상대적 실존, 다시 말해서 그것이 부정해야 하는 현존재는 직선인데 이 운동의 직접적인 부정은 하나의 다른 운동, 바로 공간적으로 자기 자신을 표상하는 직선으로부터의 편위라고 이야기한다

(맑스 논문 75쪽). 까다로운 표현 같지만 대략 이런 뜻이다. '점'으로 나타낼 수 있는 원자가 하나의 독립적, 자립적인 존재라고 보면 점들의 연속이라 할 수 있는 '직선'운동에서는 원자의 성격이 사라진다. 그런데 다시 직선을 부정하는 편위를 가정함으로써(부정의 부정) 원자의 성질이 드러날 수 있게 된다.

이제 데모크리토스와 에피쿠로스 유물론의 차이를 정리해보자. 데모크리토스는 예정된 원자의 운동이 세계를 형성한다고 보면서 결국 원자 자체의 실존을 중요한 의미로 받아들였기 때문에 직선운동에 묻혀 있는 원자를 일생을 통해 발견하려 했다. 반면 에피쿠로스는 원자 자체가 아닌 수많은 원자의 배열이 어떤 결과를 만들어내는가에 더 의미를 두었다. 에피쿠로스는 원자들의 결합체인 사물은 언제든 원자의 배열이 바뀌면 새로이 구성될 수 있다고 확신했다. 에피쿠로스학파가 헬레니즘 시대 엘리트 그룹에 저항하며 사회를 변화시키고자 했던 이유와도 상통하는 듯하다.

## 맑스와 에피쿠로스가 만나는 지점

이런 측면에서 에피쿠로스는 19세기 영국 자본주의를 비판적으로 분석한 혁명가 맑스와 무척 가까워 보인다. 산업혁명과 더불어 자본주의 체계가 자리 잡고 영국이 세계의 헤게모니를 쥐는 과정은 인류 역사에서 매우 중요한 변화의 시기였다. 애덤 스미스를 비롯한 많은 학자가 이 변화를 숙명으로 받아들이고, 필연적인 역사의 흐름 안에서 보편적인 경제 원리와 법칙을 모색했다. 즉 데모크리토스적 관점에서 자본주의의 도래를 필연으로 받아들였다.

맑스는 그렇지 않았다. 인류 역사의 큰 흐름 속에서 자본주의 사회는 결코 예정되어 있던 모습이 아니었고 인류 사회의 필연적 종착역도 아니었다. 그저 다양한 가능성 가운데 하나였다. 그런 점에서 맑스는 누구보다 정확히 자본주의의 모순을 객관적으로 발견할 수 있었다. 이러한 배경적 관점으로 자본주의 시스템을 분석한 결과물이《자본론》이다.

맑스는 자신의 분석을 생전에 모두 세상에 내놓지는 못했다. 각고의 노력 끝에 1867년 《자본론》1권을 출간하고 사망하자 프리드리히 엥겔스가 맑스의 많은 노트와 메모에 토대하고 자신의 생각을 덧붙여 집필하여 2권과 3권을 출간했다. 물론 1권에 가장 핵심적인 자본주의의 모순이 담겨 있다.

잘 알려져 있듯이 맑스의 자본주의 분석의 출발점은 '상품의 가치'다. 상품은 오래전부터 있었지만 자본주의의 상품은 근본적으로 다르다. 과거 물물교환 수준의 경제 구조에서는 물건이 필요한 사람들 간의 거래가 대부분이기 때문에 사용가치만 중요했다. 그러나 산업혁명과 더불어 대량생산 체제를 갖춘 자본주의는 구매자의 필요와 무관하게 노동자의 노동을 통해 상품을 생산한다. 이는 새로운 상품의 가치를 낳으며, 이때 중요한 것은 오직 다른 상품과의 상대적 가치다. 이것이 교환가치다. 교환가치를 결정하는 것은 바로 노동자의 노동시간이다.

상품의 가치를 생산하는 요인들 중 하나인 노동자들은 언제나 자신의 노동력 재생산에 필요한 정도 이상의 가치인 '잉여가치'를 생산하며 이는 자본가들의 몫으로 돌아간다. 아무런 생산수단을 소유하지 못한 노동자들은 임금만큼이 아닌 그 이상의 시간 동안 노동력을 제공하고, 자본가들은 노동력을 착취하여 얻은 가치로 이윤을 얻고 또 추가 자본을 확보한다. 생산수단이 없는 노동자들은 생산한 상품마저 소유할 수 없게 된다. 이것이 자본주의의 모순이다. 맑스는 이 모순으로 종국에 자본주의 시스템이 붕괴할 것으로 예측했다. 에피쿠로스의 자연철학과 연결해 생각하면 역사에서 우발적으로 등장한 자본주의 사회는 결코 필연이 아니기에 프롤레타리아 노동자들이 단결함으로써 자본주의를 끝낼 수 있다고 보았고, '자유로운 개인들의 연합'이라는 바람직한 모습을 상상했다. 엘리트에 저항한 에피쿠로스가 남녀를 불문하고 자신의 정원에 받아들이고 민중 속에서 행복을 추구하던 모습과 다르지 않다.

자본주의 사회를 예정된 역사적 결과로 보지 않았던 맑스는 보편적 원리가 작동하는 자연과 자본주의가 맺는 관계에도 주목했다. 여기서 맑스의 생태주의[34]를 읽을 수 있다. 인간의 생산과 노동을 '인간과 자연의 물질대사'라는 순환적 시스템으로 인식한 그는 자본주의가 이 대사 작용을 파괴하여 자연이 파멸에 이를 것이라는 통찰력을 보여주었다. 특히 레드 컴플렉스로 많은 이들이 고통을 겪은 우리

---

[34] 맑스는 자본주의 자체를 분석했기 때문에 생태 문제를 깊이 다루지 않았지만 많은 저술에 생태주의적 관점을 드러냈다. 이를 발굴하여 정리한 문서는 다음과 같다. 존 벨라미 포스터, 《마르크스의 생태학》(김민정, 황정규 옮김, 인간사랑, 2016), 사이토 고헤이, 《마르크스의 생태사회주의》(추선영 옮김, 두번째테제, 2020).

나라의 경우 더 심하겠지만 맑스주의는 사회주의 체제가 붕괴한 이후 실패한 이념으로 여겨져온 것이 사실이다. 그러나 자본주의의 한계가 드러나고 절체절명의 기후위기 앞에 선 지금의 상황에서 맑스를 수정, 보완하고 재해석한다면 기존 주류 경제학의 한계를 넘어 위기 극복을 위한 돌파구를 찾을 수도 있을 것이다. 이를 위해서는 물론 19세기가 아닌 현대의 언어로 기술해야 한다. 나는 고전물리학과 현대물리학을 거쳐 지금에 이른 과학에서 그 언어를 찾을 수 있을 거라고 조심스레 생각한다. 문화 연구자 심광현은 이미 오래전부터 맑스의 사상은 이 장에서 이야기할 '복잡계' 과학의 관점을 통해서만 온전히 이해할 수 있다는 점을 강조해왔다. 인문 – 사회 – 자연과학의 통섭을 바탕으로 읽어낸 혜안이라 하지 않을 수 없다.[35] 앞에서 언급한 맑스 생태주의 연구 역시 복잡계적 관점에서 맑스를 재해석한 경우라 할 수 있다.

## 데모크리토스와 뉴턴 물리학의 결정론적 세계관

이제 뉴턴 물리학과 연결 지을 수 있는 데모크리토스의 결정론적 세계관을 간략히 정리해보자. 앞에서도 이야기했지만 1687년 출간된 뉴턴의 《자연철학의 수학적 원리》는 인류 역사에 등장한 어느 저서보다 중요하다고 평가된다. 운동하는 물체에 대한 운동 법칙과 천

---

35  심광현, 《맑스와 마음의 정치학》(문화과학사, 2014)에서 〈칸트 – 맑스 – 벤야민 변증법의 현재적 재해석〉(49쪽)과 〈맑스주의와 생태주의의 그릇된 반목을 넘어: '생태학적 맑스'와 '세 가지 생태학'의 절합을 위하여〉(136쪽)를 보라.

체의 운동을 설명하는 만유인력 법칙이 들어 있기 때문이다. 인류가 최초로 자연현상에 대한 보편적 수학적 원리를 만들어낸 것이다. 뉴턴은 이 책을 통해 어둠 속에 있었던 자연법칙을 드러내 세상을 밝혔다고 칭송받는다. 자연은 매우 혼란스럽고 예측할 수 없이 제멋대로인 세계가 아니라 매우 질서정연하고 합법칙적인 세계임을 보여주었기 때문이다.

운동을 기술하는 뉴턴의 법칙은 그리 복잡하지 않다. 1장에서 소개한 미분·적분 개념만 이해하면 매우 간단한 체계다. 그 결과가 힘의 법칙인 $F = ma$다. 여기서 $F$는 힘$^{force}$, $a$는 가속도$^{acceleration}$, 그리고 $m$은 질량$^{mass}$이다. 우주의 질서를 말하는 대표적인 보편 법칙이므로 의미를 정리해보자.

먼저 속도를 변화시키는 힘을 정확히 알면 가속도는 자연스럽게 주어진다. 가속도는 속도의 순간 변화이므로 가속도를 시간에 관해 적분하면 임의의 시간에서의 속도 $v(t)$를 얻을 수 있다. 또 속도란 위치 변화를 시간으로 나눈 값에 해당하므로, 얻은 속도를 다시 한번 시간에 관해 적분하면 임의의 시간에서의 위치 $x(t)$를 얻을 수 있다. 이때 두 번의 적분을 실행하기 위해서는 위치와 속도에 대한 현재의 값이 필요한데, 이 값은 측정하여 얻을 수 있다. 정리하면, 운동하는 물체에 작용하는 힘을 정확히 알고 현재 속도와 위치를 측정하면 이 물체의 미래의 운동은 명확히 결정된다.

3장에서 용수철 문제를 예로 들었지만 더욱 간결한 사례로 데모크리토스의 원자 운동을 상상하면서 지표면 상에서 일어나는 낙하운동을 살펴보자. 이때 작용하는 힘은 $F = mg$로 주어진다. $g$는 중력가속도로 공기 저항을 무시할 경우 떨어지는 모든 물체가 갖는 가속도이며 그 값은 $9.8m/s^2$으로 거의 일정하다. 이 힘을 공식 $F = mg$의 $F$에 적용하면 $a = g$만 남는다. 이제 적분을 통해 떨어지는 물체의 속도를 얻는데, 그 값은 $v(t) = gt$이다. 시간에 비례해서 속도가 늘어난다. 낙하한 거리는 다시 적분해서 얻을 수 있다. 결과는 $x(t) = \frac{1}{2}gt^2$으로 시간의 제곱에 비례하여 늘어난다. 수많은 가속운동 가운데 가장 간단한 사례다. 많은 경우 우리는 힘이 어떻게 표현되는지 알고 있으므로 물체의 속도와 위치를 정확히 예측할 수 있다. 하늘의 천체 역시 만유인력에 의해 움직이므로 태양을 공전하는 행성의 속도와 궤도도 계산을 통해 알 수 있다.

그렇지만 모든 경우에 그 힘과 가속도를 알 수 있는 것은 아니다. 충돌이 대표적이다. 두 물체가 충돌하는 동안 작용하는 힘은 매우 복잡하여 어느 한 수학적 표현으로 나타낼 수 없다. 그러나 뉴턴의 운동 법칙을 변형하여 운동량 보존법칙과 에너지 보존법칙을 끌어낼 수 있다. 이를 이용하면 데모크리토스가 설정했던 원자들의 충돌처럼 힘에 대한 정확한 정보가 없어도 충돌 이후의 두 물체의 운동을 예측할 수 있다. 결국 뉴턴의 운동 법칙이나 보존법칙을 이용하여 자연에서 일어나는 많은 운동을 거의 오차 없이 예측할 수 있다. 갑자기 밤하늘에 나타나 모두를 떨게 했던 혜성$^{comet}$도 궤도가 매우 찌그러진 타원형인 평범한 천체임이 드러났다. 이렇게 본다면 우주의 모든 운동은 이미 결정되어 있다. 이를 결정론적 세계관이라 한다. 머리말에서도 소

개했듯이 위대한 수학자이자 물리학자 피에르시몽 드 라플라스(1749
~1821)는 "만일 우주에 존재하는 모든 원자의 위치와 속도를 정확히
아는 존재가 있다면 우주의 모든 현상의 과거와 현재, 미래를 정확히
예측할 수 있을 것"이라고 주장하고 그 존재를 '라플라스의 악마'라
고 불렀다. 결정론을 상징하는 유명한 이야기다.

　이처럼 뉴턴 물리학은 대성공을 거두었다. 하늘에서 일어나는 행성
의 운동과 우리 삶에서 나타나는 그 많은 움직임이 뉴턴의 운동 법칙
의 지배 아래 있었다. 그것은 질서의 모습이었다. 물론 3장에서 태양의
압도적인 영향 아래 행성들의 궤도를 완전하게 예측할 수 있을 듯하
지만 다른 천체들의 작은 영향이 더해지므로 모든 행성의 궤도는 미
세하게 카오스를 나타낸다는 사실을 이야기했다. 전체적으로 보면 타
원궤도라는 안정적 질서를 유지하지만 세밀하게 보면 타원 주변에서
혼돈이 나타나는 상황이다. 그렇지만 전반적으로 세상은 뉴턴 법칙이
들어맞는 예측 가능한 기계같이 작동한다는 데모크리토스적 생각이
과학적으로 실현되었다고 볼 수 있다. 뉴턴 물리학은 지금도 매우 유
효한 법칙으로서 예측 가능한 질서의 영역을 잘 설명하고 있다.

## 시스템의 변화를 예측하는 통계역학

　이제 맑스가 읽어낸 에피쿠로스적 관점을 적용할 수 있는 세계의
모습을 이야기하려 한다. 이 세계는 우리가 생명으로서 존재하고 공
생하며 변화해가는 우리 삶 자체이기도 하다. 알튀세르가 정리한 대
로 우리는 정해진 역사의 흐름에 수동적으로 적응하며 살아가는 존

재가 아니라 끊임없는 우발적 마주침 속에서 변화하고 변화를 이끌어온 존재라는 에피쿠로스적 관점은 역사를 통해 잘 드러나고 있으며 생물의 진화 과정에서도 동일하게 나타나고 있다. 본질적으로 이 세계의 변화는 뉴턴 물리학처럼 대상 전체를 하나로 단순화하여 간결한 법칙으로 기술할 수 없다. 역사를 구성하는 요소가 한 개인이 아니라 많은 개인과 그들 사이의 관계이듯이, 그리고 진화 과정의 주체가 단 하나의 생물종이 아니라 많은 생물과 무생물이듯이 우리는 상호작용하는 수많은 구성 요소로 이루어진 시스템 안에 살고 있다.

본론으로 들어가기에 앞서 물이 차 있는 물통을 생각해보자. 물통을 던질 때 일어나는 물통 자체의 포물선 운동을 예측하기 위해 물을 이루는 물 분자들의 움직임까지 고려할 필요는 없다. 뉴턴 물리학에서 늘 하듯이 물통 전체를 하나의 입자로 간주하는 것으로도 충분하다.

그런데 물통을 정지시키고 가열할 때 일어나는 변화를 이해하려면 전혀 다른 관점으로 접근해야 한다. 우리는 물의 온도 변화를 관찰하여 가열의 결과를 확인할 수 있다. 그렇다면 어떻게 온도 변화를 예측할 수 있을까? 온도를 결정하는 것은 물을 이루는 수많은 물 분자들의 **평균적인** 속력(운동에너지)이다. 실제로 물 분자들은 모두 같은 속력으로 움직이는 것이 아니라 제각기 다르다. 그야말로 제멋대로의 값을 갖는다. 여기서 알 수 있는 것은 개별 물 분자의 운동이 아니라 물 분자들의 속력 분포, 즉 확률뿐이다. 이 속력 분포를 이용하면 분자들의 평균 속력을 구할 수 있다. 분자들의 개수가 많을수록 평균값을 더욱 정확히 얻을 수 있다. 여론조사에서 조사 대상이 많을수록 정확도가 증가하는 것과 같은 이유다. 물 분자들처럼 수많은 구성 요소로 이루어진 시스템의 변화는 온도 변화 같은 평균적이고 집단적인 특성만 예측할 수 있다.

이미 20세기 이전에 등장한 물리학 분야가 이 같은 접근 방식을 잘 기술했다. '통계역학'이라는 이 분야는 루트비히 볼츠만(1844~1906)과 조사이어 깁스(1839~1903)가 완성했다. 수많은 요소로 구성된 시스템의 변화를 개별 접근이 아닌 통계적으로 고려하여 온도, 압력, 엔트로피 같은 시스템의 집단적 성질 변화를 예측한다. 통계역학은 구성 요소들의 무질서한 운동에도 불구하고 집단적 성질의 변화를 정확히 예측하게 해주기 때문에 무질서 가운데서 발견한 질서 체계라 할 수 있다.

또 하나 고려할 점은 물통 속의 물 분자들이 평형상태equilibrium state를 갖는다는 점이다. 평형상태란 구성 입자들이 미시적으로 무질서한 운동을 계속하지만 거시적으로는 아무런 변화도 일어나지 않는 상태다. 어느 방향으로 봐도 입자들의 무질서한 미시적 운동만 존재하므로 대칭성을 띤다고 말한다. 물통을 가열하면 처음에는 온도가 상승하지만 물이 거시적으로 변화하지 않으며 대칭성이 유지된다. 이들은 평형상태를 다루는 평형통계역학 분야에서 자주 기술된다.

그런데 물통을 충분히 가열하면 평형상태의 물에서 흐름이 생겨나면서 하나의 패턴이 나타난다. 대칭성이 깨지면서 대류라는 순환 구조가 생겨난다. 투입되는 열의 양이 더욱 많아지면 물의 순환 패턴은 점점 더 작게 나뉜다. 카오스의 주기 배가 현상과 비슷하다. 이 과정

**그림 2 •** 버나드 대류. 완전한 무질서 상태로부터 가지런한 패턴인 질서가 나타난다(©위키피디아).

은 평형상태의 물에 열에너지를 가함으로써 평형으로부터 벗어나도록 하고, 열이 증가함에 따라 스스로 순환 형태의 질서가 만들어질 수 있음을 보여준다.

그림 2는 용기 안의 기름에 열을 가하여 생긴 대류의 가지런한 패턴이다. 이를 버나드 대류<sup>Benard convection</sup>라 부른다.

이처럼 평형상태로부터 멀리 벗어나 일어나는 현상들은 비평형통계역학, 즉 평형상태로부터 멀리 벗어난 시스템에 대한 통계역학으로 이해할 수 있다. 비평형 시스템에 외부로부터 에너지가 유입되면 무질서에 의한 대칭성이 깨지면서 자체적으로 질서가 '창발'할 수 있다. 러시아 출신의 벨기에 학자로 내가 존경해 마지않는 일리야 프리

---

**36** 일리야 프리고진, 이사벨 스텐저스, 《혼돈으로부터의 질서》(신국조 옮김, 자유아카데미, 2011). 이 책은 복잡계 과학에 대해 기술한 선구적 저작이며, 1984년 출판되자마자 세계적 베스트셀러가 되고, 16개국 언어로 번역되었다.

고진(1917~2003)이 이 분야의 선구자다. 그에 따르면 자연 대부분은 비평형상태고, 평형상태는 오히려 희귀하다. 미시적 요인으로 비평형상태로부터 매우 안정된 구조가 나타날 수 있는데 이를 '소산 구조 dissipative structure'라 한다. 혼돈으로부터 질서가 형성되는 것이다.[36]

## 무질서 속 질서와 복잡계 과학

지금까지 살펴본 물(혹은 기름)에서 형성되는 패턴은 매우 단순한 질서다. 이제 이야기하고자 하는 복잡계는 비평형상태이면서 훨씬 복잡하고 역동적인 질서 체계를 창발하는 시스템이다. 복잡계란 겉으로는 매우 무질서해 보이지만 질서가 내재한 시스템이다. 다시 말해 완전한 질서도 완전한 무질서도 아닌 그 사이의 상태다. 그림 3은 복잡성이 낮은 안정된 시스템(질서)과 혼돈 시스템 사이에 존재하는 복잡성이 높은 복잡계를 도식적으로 나타낸 것이다.

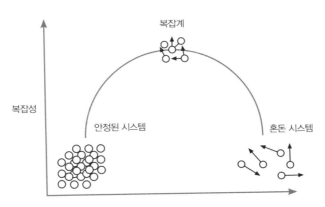

**그림 3 •** 무질서도와 복잡성의 관계. 안정된 시스템(낮은 무질서도)이나 혼돈 시스템(높은 무질서도)은 복잡성이 작은 반면 무질서도가 중간 정도인 복잡계는 복잡성이 크다.

복잡계의 특징을 살펴보면 첫째, 수많은 구성 요소로 이루어져 있다. 따라서 통계역학이 복잡계를 이해하는 데 매우 중요하다. 둘째, 구성 요소들의 상호작용이 비선형적이다. 어느 한쪽이 자극하고 다른 쪽이 반응하는 것을 상호작용이라 본다면 반응이 자극에 비례하지 않을 때 비선형적이라 한다. 자극이 2배로 증가할 때 반응 역시 2배가 된다면 이는 선형적이지만, 4배, 8배로 증가한다면 비선형적 상호작용이다. 비선형성은 카오스 현상의 조건이기도 하다. 셋째, 복잡계의 구성 요소 또한 복잡계인 것이 일반적이다. 즉 복잡계가 모여 더 높은 층위의 복잡계를 만든다. 마지막으로 구성 요소들의 상호작용을 기반으로 끊임없이 외부에 적응하면서 새로운 질서를 창발한다.[37]

예를 들어보자. 우리 몸은 매우 많은 기관$^{organ}$으로 이루어진 복잡계지만 기관 역시 많은 세포로 이루어진 복잡계고, 세포 역시 무수히 많은 분자로 이루어진 복잡계다. 우리는 또한 복잡계인 생태계의 구성 요소다. 수많은 생태계로 이루어진 지구 생물권은 가장 높은 층위의 복잡계다. 우리는 규칙적인 우주 질서 속에서 여러 층위의 복잡계 구조의 구성 요소로서 살아가는 존재다.

그럼 수많은 세포로 이루어진 우리 몸을 주목해보자. 우리가 살아가기 위해서는 세포들의 유기적 협력과 역할 분담이 꼭 필요하다. 간세포는 간세포의 역할을, 뇌세포는 뇌세포의 역할을 충실히 하면서 유기적으로 연계해야 세포들의 공동체인 우리 신체가 유지될 수 있다. 개별 원자가 아닌 원자들의 배열이 전체를 만들어낸다고 본 에피쿠로스의 생각과 맥을 같이한다.

수천억 개에 이르는 뇌세포는 다른 많은 세포와 정교한 역동적 네트워크를 조직함으로써 의식을 만들고 우리가 인간이게끔 해준다. 이처럼 복잡계는 구성 요소들의 유기적 연결을 통해 새로운 질서를 창발해낸다. 개별 세포 단위에는 존재하지 않았던 의식이라는 현상이 '스스로 조직되어 창발'하는 것이다.

이렇게 조직된 질서가 계속 유지되는 것은 아니다. 복잡계는 스스로 질서를 조직하기도 하지만 스스로 붕괴하기도 한다. 물이 끓어 수증기가 되는 것처럼 어떤 임계점을 경계로 계 전체의 질서 체계가 무너지는 것이다.

복잡계인 사회의 특성도 유사하다.[38] 비교적 갈등이 적고 긴장이 적으면 사회가 안정적으로 유지될 수 있다. 그러나 여러 가지 이유로 긴장이 커지고, 견딜 수 있는 마지노선인 임계점에 접근하면 작은 교란으로도 사회 전체가 뒤집어질 수 있다. 산에서 눈사태가 일어나는 이유, 지진이 발생하는 이유, 주식시장의 주가가 뚜렷한 이유 없이 대폭락하는 경우 등이 유사한 사례다. 우리는 이러한 큰 변화의 순간을 정확히 예측할 수 없다. 각 현상마다 나름의 미시적 원인이 존재할 수 있지만 매우 정밀한 예측을 불허하는 우연의 영역일 수밖에 없다. 일기예보에서 비가 올 확률만을 이야기할 수밖에 없는 것과 같다.

37 윤영수, 채승병, 《복잡계 개론》(삼성경제연구소, 2005).
38 복잡한 사회의 다양한 현상에 대해서는 닐 존슨의 《복잡한 세계 숨겨진 패턴》(바다출판사, 2015)과 더불어 김범준의 다음 책들을 참조하라. 《세상 물정의 물리학》(동아시아, 2015), 《관계의 과학》(동아시아, 2019), 《복잡한 세상을 이해하는 김범준의 과학 상자》(바다출판사, 2022).

## 거듭제곱 법칙, 복잡계의 보편성

질서가 스스로 조직되고 붕괴되기도 하는 현상에는 어떤 보편적 법칙이 있을까? 지구의 역사는 약 46억 년이고, 최초의 생명체가 나타난 지도 약 38억 년이 흘렀다. 처음에는 눈으로 볼 수 없는 단세포 생물들만 지구를 채우고 있었지만 오랜 세월 동안 진화를 거듭하여 지금처럼 복잡하고 다양한 종이 생겨났다. 지구의 역사에서는 엄청난 규모의 생명 대멸종이 여러 차례 일어났다. 지난 5억 년 사이에 큰 멸종이 다섯 번이나 있었으며 그 사이에도 크고 작은 멸종이 여러 번 일어났다.

지구 생태계는 복잡계이기 때문에 생태계에서는 자기 조직적 질서가 창발하기도 하고 멸종이 일어나기도 한다. 물론 이 사건들이 일어날 순간을 정확히 예측하는 것은 불가능하다. 그러나 긴 시간 동안의 빅데이터를 분석한 결과에 따르면 멸종 규모와 그 규모에 해당하는

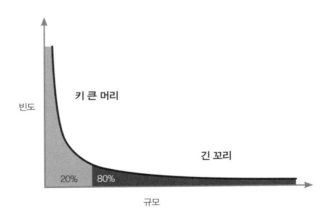

그림 4 • 복잡계에서 보편적으로 나타나는 거듭제곱법칙의 그래프.

멸종의 빈도수는 매우 명확한 법칙을 보여준다. 이른바 거듭제곱 법칙, 또는 그래프의 모양을 본떠 긴꼬리 법칙이라 부르기도 한다. $x$축을 멸종의 규모, $y$축을 멸종의 빈도수라 하면 그림 4처럼 나타난다. 놀랍게도 이 결과는 수많은 복잡계에서 동일하게 나타난다. 예를 들어 어느 기업의 연봉을 그려봐도 비슷하다. 소수 20퍼센트가 총 80퍼센트의 부를 차지한다는 파레토$^{Pareto}$의 법칙도 해당된다. 자본주의는 이처럼 소수가 부를 독점하는 결과를 초래할 수밖에 없다. 사람들이 비윤리적이어서가 아니라 복잡계로서 나타날 수밖에 없는 결과다. 그렇다면 이 불평등을 해결하기 위해 복지와 관련한 여러 제도를 만들고 실행해야 할 것이다.

그 밖에도 거듭제곱 법칙을 따르는 예들은 많다. 인류가 벌여온 수많은 전쟁 기록을 분석하여 $x$축을 전쟁의 규모, $y$축을 빈도수로 하여 그리면 그림 4와 같은 그래프가 된다. 또 지진의 규모와 그 빈도수, 도시 인구와 그 인구에 해당하는 도시 수, 뇌세포의 연결 수와 빈도수, 항공망의 수와 그 수만큼의 항공망을 갖는 도시의 빈도수 등 많은 경우가 거듭제곱 법칙을 따른다. 이 모두의 공통점은 복잡계라는 것이다.

결론적으로 정리하면, 데모크리토스가 주장한 결정론적 원자론은 17세기 이후 눈부신 성공을 거듭한 뉴턴 물리학적 세계관과 일치한다. 반면 에피쿠로스의 우발적 원자론은 내재적으로 질서를 품고 있으면서도 정확한 예측이 불가능한 복잡계 현상과 상통한다. 구성 요소의 개별성보다 그 상호작용을 통해 우연적 질서가 창발하기도 하고 총체적 파국이 일어나기도 하는 세계가 우리 역사, 우리 사회의 모습이다. 우리는 이 복잡계적 구조 속에 살면서도 예측이 가능한 많은 질서를 발견할 수 있다. 이처럼 혼돈과 질서가 뒤섞여 변화하는 모습이 아름답고 조화로운 우리 세상의 진면목 아닐까?

이 장에서는 복잡계에 대한 일반적인 이야기를 다양한 사례와 더불어 이야기했다. 이후 두 장에서는 대표적 복잡계이며 우리 자신이기 때문에 의미 있는 '생명'과 오랜 시간 동안 이어져온 '생명의 진화'를 자세히 알아볼 것이다.

5
장

생
명

생
명

4장에서 복잡계의 일반적 특성과 몇 가지 사례를 살펴보았다. 이 장에서는 복잡계로서의 생명인 우리 자신에 관해 이야기하려 한다. 약 38억 년 전 탄생해 장구한 시간 동안 이어져온 존재, 지금은 셀 수 없이 다양하게 지구를 가득 채우고 있는 존재, 그러면서 아직도 미지의 영역으로 남아 있는 존재가 바로 생명이다. 현대 과학은 우주의 탄생과 진화, 미래에 대해 많은 이야기를 하고 있지만 궁극적으로는 생명을 이해해야 '우리는 어디서 왔고, 우리는 누구이며, 우리는 어디로 가는가?'라는 질문을 해결할 수 있을 것이다. 앞에서도 강조했듯이 생명은 데모크리토스적 세계관에 기초한 과학만으로는 접근할 수 없다. 자연의 어느 물질보다 구조가 복잡한 생명 분자들이 외부 환경과 긴밀히 상호작용하며 신비로울 정도로 정교한 질서를 만들어낸 역동적 결과가 '살아 있음'이다. 생명은 진정 복잡계 중의 복잡계다.

우선 물리학자로서 생명에 대한 통찰력 있는 생각들을 제시하여 20세기 생명과학에 커다란 영향을 미친 슈뢰딩거 이야기부터 시작하겠다.

## 물리학자 슈뢰딩거의 고민

1933년 노벨상을 수상한 슈뢰딩거는 양자역학의 기틀을 세운 인물 중 한 명이다. 1935년 코펜하겐 해석에 반발하며 '슈뢰딩거 고양이'를 발표한 이후에는 나치의 압박을 피해 아일랜드 수도 더블린의 트리니티칼리지에 정착했다. 그가 1943년 공개 대중 강연 계획을 발표했을 때 많은 사람이 양자역학에 관한 또 다른 큰 성과를 소개할 것으로 기대했지만, 강연 주제는 의외로 '생명이란 무엇인가'였다. 물리학자가 갑자기 생명에 관해 강연하는 데 의아해하면서도 아일랜드를 빛내는 스타의 강연을 듣기 위해 수상과 많은 고위층 및 유명 인사들이 전쟁 중임에도 불구하고 강연장을 메웠다고 한다. 난이도가 높다고 예고되었음에도 불구하고 3주간 금요일마다 진행된 이 강연은 400여 명의 청중으로 가득 찼다. 1944년 슈뢰딩거는 강연 내용을 기초로 《생명이란 무엇인가》[39]라는 책을 출간했다.

슈뢰딩거가 강연에서 이야기하려 한 것은 살아 있는 유기체의 공간적 경계 안에서 일어나는 시간과 공간 속의 사건들을 어떻게 물리학과 화학으로 어떻게 설명할 수 있느냐는 것이었다. 그는 현재의 물리학과 화학이 그 사건들을 설명하지 못한다고 해서 언젠가 설명할 수 있으리라는 점을 의심할 이유가 될 수는 없다고 말했다. 즉 지금까지 물리학과 화학이 무능했던 이유를 상세히 설명할 수 있다는 자신감을 적극 나타냈다.

현대 생물학의 초창기라 할 수 있는 시기에 출간된지라 시대적 한계와 오류들이 있음에도 불구하고 《생명이란 무엇인가》는 당시의 많은 젊은 과학자에게 영감을 불어넣었다. 특히 DNA 구조를 밝힌 제임스 왓슨(1928~)과 물리학자였던 프랜시스 크릭(1916~2004)은 이 책을 읽고 자신의 진로를 유전자 연구로 정했다고 한다. 또한 여러 과학자가 같은 제목의 책으로 자신의 견해를 밝히며 슈뢰딩거의 맥을 이은 점을 보면 가히 그 영향력을 짐작할 수 있다.[40]

슈뢰딩거는 이 책에서 제목에서 기대할 수 있는 생명에 대한 명확하고 객관적인 정의를 내리지는 못했다. 놀랍게도 현재에 이르기까지 합의된 정의는 존재하지 않는다. 그럼에도 이 책이 과학자들에게 영감을 준 이유는 물리학자로서 생명의 문제에 대해 매우 통찰력 있는 안목을 제시했기 때문이다. 이 장에서는 먼저 슈뢰딩거가 제시한 내용들을 시작으로 혼돈과 질서가 어우러진 복잡계인 생명의 신비로움을 이야기하고자 한다.

## 생명은 우아한 비주기적 결정

슈뢰딩거는 책의 앞부분부터 매우 중요한 관점을 이야기했다. 바로 비주기적 결정$^{aperiodic\ crystal}$이다. 그는 살아 있는 세포의 핵심 부분(염색체)은 비주기적 결정이라 부르는 것이 적당하다고 하면서 이렇게 말했다.

---

39 에르빈 슈뢰딩거, 《생명이란 무엇인가》(전대호 옮김, 궁리, 2007).
40 린 마굴리스, 도리언 세이건, 《생명이란 무엇인가》(김영 옮김, 리수, 2015), 폴 너스, 《생명이란 무엇인가》(이한음 옮김, 까치, 2021), 제이 팰런, 《생명이란 무엇인가》(남상윤 옮김, 월드사이언스, 2016), 로저 펜로즈 등, 《생명이란 무엇인가: 그 후 50년》(이한음, 이상헌 옮김, 지호, 2003).

지금까지 우리는 물리학에서 주기적 결정만 다루었다. 물리학자의 겸손한 정신에게 주기적 결정은 매우 흥미롭고 복잡한 대상이다. 그것은 생명 없는 자연이 가진 가장 매력적으로 복잡한 물질 구조의 하나로서 물리학자의 영리한 정신을 당혹스럽게 만들었다. 하지만 비주기적 결정과 비교하면 주기적 결정은 단순하고 따분한 편이다. 이 둘의 구조적 차이는 동일한 패턴이 규칙적인 주기로 반복되는 평범한 벽지와, 위대한 거장의 손길에 의해 따분한 반복 없이 섬세하고 조화롭고 의미 있는 디자인이 펼쳐지는, 이를테면 라파엘로의 벽화 장식의 차이와 같다.[41]

생물학 용어가 없는 이 비교에는 생명을 이루는 물질을 직관적으로 이해하는 데 가장 중요하고 깊은 통찰력이 있다. 집에 있는 벽지의 무늬를 살펴보자. 대체로 간결하게 반복되는 형태가 대부분일 것이다. 감상의 대상이 아니라 그저 무난한 배경 역할을 한다. 슈뢰딩거 시대에 엑스선으로 물질의 내부 구조를 조사하기 시작한 물리학자들은 원자들의 주기적 배열로 이루어진 여러 결정을 연구했다. 단일 입자를 중심으로 사고해왔던 물리학자들에게 이 물질들은 복잡한 존재였지만 완전한 질서를 갖추고 있기 때문에 여러 물리적 특성을 예측하고 이해할 수 있었다.

슈뢰딩거가 언급하지는 않았지만 물리학자들은 벽지의 무늬와는 반대 극단, 즉 완전히 무질서한 구조도 4장에서 언급한 통계역학을

---

41 에르빈 슈뢰딩거, 앞의 책, 22쪽.

통해 잘 이해하고 있었다. 예를 들어 기체의 운동처럼 무수히 많은 기체 분자가 제멋대로random 운동하는 계의 변화와 관련하여 온도, 압력, 부피 같은 열역학적 양들의 변화를 정확하게 예측할 수 있었다. 다시 말해 극과 극, 완전한 질서와 완전한 무질서는 양자역학과 통계역학을 이용하여 어렵지 않게 접근할 수 있었다.

그런데 슈뢰딩거는 생명은 그 어느 것도 아니라고 말했다. 위대한 거장의 손길이 섬세하고 조화롭고 의미 있게 디자인한 벽화 장식 같은 것이라고 말하며 라파엘로의 작품을 예로 들었다. 라파엘로의 유명 작품 중 하나는 고대 그리스·로마 시대를 대표하는 사상가들이 플라톤의 아카데미아에 집결한 가상의 모습을 그린 〈아테네 학당〉이다 (그림 1). 중심에 레오나르도 다빈치를 닮은 플라톤이 손으로 하늘을

그림 1 • 라파엘로 산치오가 1510년에 그린 〈아테네 학당〉.

가리키며 서 있고, 옆에 그의 수제자 아리스토텔레스가 손을 땅으로 향한 채 플라톤을 바라보고 있다. 두 사람의 철학적 차이를 분명히 보여주는 장면이다. 그 밖에 소크라테스, 유클리드, 피타고라스 등 위대한 철학자, 수학자들이 자신의 삶을 담은 모습으로 등장한다.

이 작품은 아무 반복이 없기 때문에 매우 무질서해 보이지만 웅장한 건물과 조각상, 그리고 등장인물 각각의 모습이 섬세하게 어우러져 조화를 이룬다. 그 결과 우리는 의미와 상징, 그리고 감동을 느낀다. 이 그림은 그저 물감들의 단순한 집합이 아니다. 위대한 음악은 음표들의 집합 이상이요, 위대한 문학은 글자들의 집합 이상인 것과 마찬가지다. 생명을 이루는 핵심 물질들 역시 단순한 결정 구조도, 완전히 무질서한 비결정 구조도 아니다. 슈뢰딩거는 생명이 가장 높은 수준의 질서를 조직해내는 복잡계임을 강조했다.

## 음의 엔트로피

슈뢰딩거가 제시한 또 다른 개념은 '음의 엔트로피$^{negative\ entropy}$'다. 책에서 그는 유기체가 죽음으로부터 멀리 있을 수 있는 이유는 환경으로부터 끊임없이 음의 엔트로피를 끌어들이기 때문이며, 물질대사의 핵심은 유기체가 살아 있는 동안 불가피하게 산출하는 엔트로피를 자신으로부터 성공적으로 털어내는 것[42]이라고 말했다.

무질서도를 나타내는 양인 엔트로피$^{entropy}$는 시간, 죽음, 에너지 고갈

---

**42** 에르빈 슈뢰딩거, 앞의 책, 121쪽.

등 인류가 마주하는 여러 문제와 밀접한 주요 개념이다. 시대를 앞섰던 볼츠만은 엔트로피를 통계적 관점에서 다음과 같이 수치화했다.

$$S = k \ln D$$

$S$는 엔트로피고 $k$는 볼츠만 상수로 물리학에서 중요한 보편 상수 중 하나다. $\ln$은 자연로그를 의미하며, $D$는 어떤 계가 갖는 미시적 상태 수를 의미한다.

좀 더 정확한 이해를 위해 네 개의 동전을 동시에 던진다고 생각해 보자. 동전은 $\frac{1}{2}$의 확률로 앞면 또는 뒷면이 나오기 때문에 네 개의 동전을 던질 때 나올 수 있는 거시적 상태는 다음 다섯 가지다.

a: 모두 앞면

b: 앞면 세 개, 뒷면 한 개

c: 앞면 두 개, 뒷면 두 개

d: 앞면 한 개, 뒷면 세 개

e: 모두 뒷면

이때 각 거시 상태를 구성하는 가능한 미시적 배열을 정리하면 표 1과 같다. 동전들은 서로 다르기 때문에 각각의 거시적 상태에 있어서 미시적으로 서로 다른 배열이 존재한다. a인 경우는 한 가지지만 c의 경우에는 여섯 가지 배열이 존재한다. 이 값이 바로 볼츠만의 공식에 나타나는 $D$다. 즉 거시적 상태가 a와 e일 때 $D=1$, b와 d일 때 $D=4$, 그리고 c일 때 $D=6$이다. 이에 따라 엔트로피는 a, e: $S=0$, b, d: $S=k\ln 4$, c: $S=k\ln 6$이 된다. 모두 같은 상태인 경우 완전한 질서를 의미하며, 앞과 뒤가 절반씩 나오는 경우는 가장 무질서한 상태이기 때문에 엔트로피는 c의 경우 가장 큰 값을 지닌다. 즉 엔트로피는 무질서도다.

| 거시 상태 | a | b | c | d | e |
|---|---|---|---|---|---|
| 가능한<br>미시적<br>배열 | ●●●● | ●●●○<br>●●○●<br>●○●●<br>○●●● | ●●○○<br>●○●○<br>●○○●<br>○●●○<br>○●○●<br>○○●● | ●○○○<br>○●○○<br>○○●○<br>○○○● | ○○○○ |
| $D$ | 1 | 4 | 6 | 4 | 1 |

표 1 • 동전을 던질 때 거시 상태의 종류에 따른 가능한 미시 상태들과 그 상태 수. ●: 앞면, ○: 뒷면.

중요한 점은 엔트로피는 변화한다는 것이다. 이 변화를 규정하는 법칙이 바로 열역학 제2법칙이며 엔트로피 증가의 법칙이라고도 부른다. 인문학과 자연과학의 소통을 위해 노력한 작가이자 물리학자 찰스 퍼시 스노(1905~1980)는 열역학 제2법칙을 아느냐는 질문은 영문학에서 셰익스피어의 작품을 읽어보았느냐는 질문과 같다고 했다. 그렇게도 중요한 열역학 제2법칙은 다음과 같다.

고립된 계의 엔트로피는 언제나 증가한다.


　외부와 차단된 계는 언제나 무질서도가 증가하는 방향으로만 변화하며, 스스로 질서가 생겨나는 방향으로는 변화할 수 없다. 물이 담긴 컵에 잉크 한 방울을 떨어뜨리면 잉크 입자들은 외부의 도움 없이도 물속에서 퍼져 나간다. 이것이 무질서도인 엔트로피가 증가하는 과정이다. 처음에는 모든 잉크 방울이 같은 지점에 있었지만(낮은 엔트로피) 시간이 지남에 따라 서로 다른 지점으로 퍼져 나간다(높은 엔트로피).

　이 법칙을 통해 에너지 고갈 문제를 생각할 수 있다. 현재 가장 많이 소비되는 화석연료, 그중에서도 석유는 매우 질서도가 높은(낮은 엔트로피) 에너지원이다. 실제로 석유 한 드럼은 엄청난 양의 목재만큼의 에너지를 가지고 있다. 그런데 우리가 석유를 난방에 사용하면 그 에너지는 난방으로 발생하는 열의 형태로 흩어져버린다. 따라서 다시는 낮은 엔트로피 상태의 에너지원으로 되돌릴 수 없다. 우리가 사용하는 에너지는 양의 측면에서 보면 사용 전과 후의 총량이 같지만 엔트로피가 증가함으로써 질이 떨어져 사용 불가능해진다. 엎질러진 물을 담을 수 없는 것과 마찬가지다.

　엔트로피 증가에 의해 계는 점점 무질서해지지만 무한히 진행되지는 않는다. 최대의 무질서도가 존재하기 때문이다. 잉크 입자가 퍼져 나가다가 골고루 퍼지면 멈추는데, 이때가 바로 최대 무질서이며 최대 엔트로피 상태. 물 전체가 잉크와 비슷한 색이 되면 더 이상 거시적 변화가 일어나지 않는다. '골고루' 이상의 상황은 없기 때문이다. 무질서가 최대여서 더 이상 변화하지 않는 상태에 도달했기 때문이다.

그렇다면 슈뢰딩거가 말한 음의 엔트로피는 무엇을 의미할까? 자연의 모든 존재는 열역학 제2법칙의 굴레에서 벗어날 수 없다. 그렇다면 생명체들은 어떻게 스스로 높은 수준의 질서를 유지하면서 살수 있느냐는 물음에 대한 대답은 '살아 있는 생명체는 음의 엔트로피를 먹는다'다. 생명은 열역학 제2법칙에서 전제하는 고립된 계가 아니다. 우리는 언제나 물질과 에너지를 외부와 교환하지 않으면 살아갈 수 없다. 몇 분만 숨을 멈추어도 질식사하고, 오랫동안 음식을 먹지 않아도 죽음에 이른다. 외부의 도움이 없다면 우리는 곧 최대 엔트로피 상태에 도달한다. 바로 '죽음'의 상태다.

그러니 우리는 외부의 에너지를 이용하여 엔트로피 증가의 압력을 견딘다. 즉 내부적으로 발생하는 엔트로피 증가를 외부로 털어냄으로써 지속적으로 질서를 유지하는 상황을 음의 엔트로피를 먹는다고 표현한 것이다. 이는 물론 생명체가 살아 있는 동안에 가능한 일이다. 엔트로피를 털어내는 기능은 시간이 흐름에 따라 조금씩 약해져서 결국 죽음에 이른다. 열역학 제2법칙을 이겨낼 수 있는 것은 없다. 따라서 생명의 '살아 있음'이란 제2법칙에 저항하기 위한 필사적 노력이라 할 수 있다.

우리의 세계는 제2법칙을 철저히 따르는 부분과, 그것에 저항하는 생명 같은 존재들이 공존하고 있다. 20세기의 위대한 석학이며 '유기체 철학'을 창시한 앨프리드 노스 화이트헤드(1861~1947)는 역사의 과정 속에 나타나는 두 가지 경향성을 저서 《이성의 기능》[43] 서문에서 이야기했다. 그 한 경향은 물질적 성질을 가진 것들의 매우 완만한 해체 속에서 구현되고 그 활동의 근원들은 역사의 흐름 속에서 아래로 아래로 하향하고 있다. 그들의 물질 자체가 소모되어가고 있는 것이다. 또 다른 경향은 매년 봄마다 반복되는 자연의 싹틈에서 구현되고 있다. 다시 말해서 생물학적 진화의 상향적 과정에서 예증되고 있다. 명확히 알 수 있듯이 하향성은 엔트로피 증가를, 상향성은 엔트로피 감소를 의미한다. 많은 것이 흩어져가는 가운데 저항하며 스스로를 지켜나가는 것이 생명의 진가 아닐까?

## 슈뢰딩거의 한계

슈뢰딩거는 생명을 이해하는 데 매우 의미심장한 통찰력을 보여주었지만 아직 DNA가 규명되지 않았던 시대의 한계를 드러낼 수밖에 없었다. 그는 "염색체 구조는 암호문인 동시에 암호문이 의미하는 발생을 일으킨다. 염색체는 법전인 동시에 집행 권력이다. 또는 건축 설계도인 동시에 건축 노동력이다"[44]라면서 DNA가 매우 능동적으로 생명 활동을 수행함으로써 신비로운 생명현상이 DNA를 통해 실현된다는 듯이 주장했다. 물론 DNA를 비롯한 세포 내 물질들은 '비주기적 결정'이라는 묘사처럼 물리학자들이 경험했던 그 어느 것보다 복잡한 것이 사실이나 이것만으로 생명 활동이 이루어지지는 않는다.

43  앨프리드 노스 화이트헤드, 《이성의 기능》(김용옥 옮김, 통나무, 1998).
44  에르빈 슈뢰딩거, 앞의 책, 44쪽.

물리학자이면서 오랫동안 생명을 연구해온 장회익은 저서《생명을 어떻게 이해할까?》[45]에서 DNA 분자들의 기능은 슈뢰딩거의 생각과 달리 오히려 수동적이며, 생명의 주된 활동은 DNA 분자와 세포의 나머지 부분 사이의 긴밀한 협동으로 이루어진다고 했다. 그에 따르면 생명 활동의 핵심은 어느 복잡한 분자들의 특별한 기능과 활동 덕분이 아니라 세포를 구성하는 요소들이 협력한 결과다. 또 다른《생명이란 무엇인가》의 주인공 린 마굴리스와 도리언 세이건도 DNA는 지구의 생물에게 더할 나위 없이 중요한 분자지만 그 자체는 살아 있지 않다고 했다.[46]

생명은 우주에서 가장 복잡하면서 구조가 조화로우며 다양한 요소로 이루어진 복잡계다. 그야말로 카오스의 나락으로 떨어지지 않기 위해 외부 에너지를 통해 자신의 엔트로피를 털어내며 질서를 유지함으로써 안정적이고 매우 정교하게 대사와 복제 등을 한다. 슈뢰딩거는 아직 알려지지 않았으나 일단 알려지면 당당히 물리학의 새로운 분야를 형성할 '다른 물리학 법칙들'과 살아 있는 물질이 밀접할 가능성이 있다고 했는데, 그 다른 물리학 법칙은 바로 복잡계 과학이 아닐까.

---

45 장회익,《생명을 어떻게 이해할까?》(한울, 2014), 33쪽.
46 린 마굴리스, 도리언 세이건, 앞의 책, 35쪽.
47 James Watson and Francis Crick, *Nature* 171, 737(1953).

## 생명에서 DNA가 하는 일

DNA는 그 자체가 살아 있지 않고 능동적 생명 활동을 하지 않지만 생명을 관장하는 정보를 저장하고 있다. 더욱이 복잡계로서의 생명이 갖춘 질서 체계로서 세포가 분열하거나 단백질을 합성하는 과정은 어떤 기계적 과정보다도 정밀하고 신비롭다. 1953년 제임스 왓슨과 프랜시스 크릭은 생명의 정보를 담고 있는 DNA의 이중나선 구조를 밝히고 정보가 작동하는 원리도 파악했다.[47] 왓슨과 크릭이 우여곡절 끝에 밝혀내 1962년 노벨상까지 거머쥔 DNA의 구조는 슈뢰딩거의 생각대로 비주기적 결정 그대로였다. 따분한 벽지 무늬가 아닌 위대한 거장의 작품이었다.

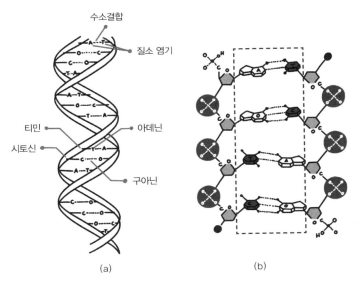

그림 2 • (a) DNA의 이중나선 구조. 아데닌, 구아닌, 시토신, 티민은 생명의 정보를 나타내는 네 개의 알파벳이다. (b) DNA의 분자 구조.

그럼 생명의 언어는 어떤 방식으로 작동하는지 알아보자. 그림 2(a)는 DNA의 이중나선 구조를 나타낸 것이다. 인산과 오각형 구조의 당으로 이루어진 뼈대가 이중나선형으로 꼬여 있는 상황에서 각 뼈대로부터 염기가 나와 결합하고 있다. DNA의 정보는 이 염기의 배열에 의해 정해진다.

염기는 네 종류이기 때문에 DNA의 언어는 네 개의 알파벳으로 정해진다. 24개인 한글이나 26개인 영어에 비해 매우 단순하다. 네 개의 알파벳에 해당하는 분자는 각각 아데닌$^A$, 구아닌$^G$, 시토신$^C$, 티민$^T$이라고 부르며 그림 2(b)에서 점선으로 표시되어 있다. 이들은 상보적 관계를 맺으며 이중나선 구조를 형성하는 점이 특징이다. 아데닌은 언제나 티민과, 구아닌은 언제나 시토신과 짝을 맺도록 구조적으로 만들어져 있다. 즉 A-T와 C-G의 결합만이 있을 뿐이다. 따라서 이중나선 가운데 한쪽의 염기가 정해지면 다른 쪽의 염기도 저절로 결정된다.

DNA에는 단백질에 관한 정보가 기록되어 있다. 단백질은 물을 제외하면 세포 중량의 절반 이상을 차지하며, 모든 생명 활동이 일어나도록 해주는 일꾼이다. 단백질이 없으면 생명이 결코 살아갈 수 없다. 단백질은 20가지 표준 아미노산의 결합으로 이루어진다. 그런데 결합할 수 있는 아미노산의 개수에 제한이 없는 데다 중복될 수도 있기 때문에 실제로 만들어질 수 있는 단백질은 무수히 많다. 인간의 몸에서도 수십만 가지 단백질이 활동하고 있다. DNA는 단백질의 구성 요소인 표준 아미노산에 대한 정보를 갖고 있다.

## DNA 복제와 단백질 합성

우리 모두는 부모가 협력하여 만든 수정란인 단 하나의 세포로부터 삶을 시작했다. 수정란으로부터 수십 차례의 세포분열을 통해 성체로 성장하는 과정에서 이목구비와 사지 등의 형태를 갖추었다. 세포분열의 핵심은 모세포(분열 전의 세포) DNA에 저장된 정보가 DNA 복제를 통해 그대로 딸세포(분열 후에 생긴 세포)에 전달되는 데 있다. 이때 DNA 이중나선이 풀리고 각 나선의 상보적 짝을 복제함으로써 유전자가 동일한 두 개의 세포로 분열한다. 인간의 경우 30억 개의 염기가 자신의 상보적 짝으로 복제된다.

한편 생명 활동에 필요하면 세포 내에서 언제든 단백질을 합성한다. 이때는 해당 단백질의 정보가 기록되어 있는 DNA의 이중나선이

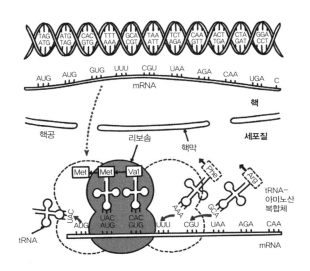

그림 3 • DNA 정보로부터 단백질이 합성되는 과정 모식도.

부분적으로 풀리고, 이곳에서 정보를 전달하는 전령 RNA$^{mRNA}$가 만들어진다. RNA는 곧바로 DNA의 해당 정보를 복사한다. RNA는 DNA와 달리 그림 3처럼 한 줄로 된 정보 저장 분자이며, 네 개의 염기 아데닌, 구아닌, 시토신과 우라실$^U$을 갖는다. DNA의 티민 대신 우라실이라는 점이 다르다. 정보를 복제하는 과정에서 RNA의 우라실은 DNA의 티민처럼 상보적 염기인 아데닌과 결합한다. DNA에서 이중나선이 풀린 부분의 염기 순서가 TACTACCACAAAGCA……라면 전령 RNA에는 AUGAUGGUGUUUCGU……와 같이 상보적으로 기록된다.

그럼 네 종류로 이루어진 '알파벳', 즉 염기로 어떻게 아미노산을 나타낼 수 있을까? 아미노산은 20종류이기 때문에 A, U, G, C 한 글자만으로 모든 아미노산을 지정할 수 없다. 두 글자인 AA, AU, AG, AC, UA, UU, UG, UC, GA, GU, GG, GC, CA, CU, CG, CC로도 부족하다. 16개뿐이기 때문이다. 그런데 UCC, AUG, CGU 등처럼 세 개의 염기가 하나의 아미노산을 지정하면 가능하다. 그림 3에서처럼 세 개의 알파벳을 단위로 전령 RNA에 기록된 AUG, GUG, UUU, CGU 등의 아미노산 정보를 코돈$^{codon}$이라 한다. 그럼 지정 가능한 아미노산의 수는 AAA부터 CCC까지 64가지가 되므로 20종류의 아미노산을 지정하고도 남는다.

전령 RNA는 아미노산을 의미하는 코돈들을 간직한 채 세포핵 밖에 있는 리보솜으로 간다. 그다음 전령 RNA에 있는 개별 코돈을 수송 RNA$^{tRNA}$가 상보적으로 인식하여(안티코돈이라 부름) 세포 내에 흩어져 있는 20가지 아미노산 중 안티코돈에 상보적인 아미노산을 찾아 매달아 오면 리보솜에서 순차적으로 결합된다. 즉 단백질이 만들어진다. 단백질을 이루는 아미노산들의 연결을 펩티드 결합이라고 한다. 이 결합에 의해 정보에 기록된 만큼의 아미노산 사슬이 연결되면 복잡하게 얽히면서 최종 단백질 형태를 갖춘다.

DNA로부터 단백질이 합성되는 이 일련의 과정은 두 단계로 구분된다. DNA로부터 전령 RNA가 정보를 복제하는 과정이 전사$^{transcript}$, 수송 RNA가 리보솜에서 실어 온 아미노산이 단백질로 만들어지는 과정이 번역$^{translation}$이다. 이 과정은 어느 기계적 작업보다 정교하여 감탄을 자아낸다. 세상의 어느 구조보다도 복잡한 수십조 개의 모든 세포에서 이처럼 정밀한 과정이 자주 일어난다고 생각해보라!

## 실수에 대비한 안전장치

신비로운 점은 또 있다. 세 개의 '알파벳(염기)'으로 이루어지는 코돈은 하나의 아미노산을 지정하는데, 네 종류의 알파벳 중 세 개를 활용해 지정할 수 있는 아미노산은 64개다. 그런데 실제 아미노산의 종류는 20가지뿐이다. 그럼 나머지 코돈들은 아무 의미를 지니지 않을까? 그렇지 않다. 표 2에 나타난 대로 코돈은 중복된다$^{degenerate}$. 예를 들어 여섯 개의 코돈 UUA, UUG, CUU, CUC, CUA, CUG가 류신이란 아미노산 하나를 지정하고, 네 개의 코돈 CGU, CGC, CGA, CGG는 모두 동일한 아미노산 아르기닌을 지정한다. 또 UAA, UAG, UGA 모두는 특정 아미노산이 아닌 종결$^{STOP}$을 표시하는 코돈이다. 길

| | U | | C | | A | | G | |
|---|---|---|---|---|---|---|---|---|
| U | UUU UUC | 페닐알라닌 | UCU UCC UCA UCG | 세린 | UAU UAC | 티로신 | UGU UGC | 시스테인 |
| | UUA UUG | 류신 | | | UAA UAG | 종결코돈 | UGA | 종결코돈 |
| | | | | | | | UGG | 트립토판 |
| U | CUU CUC CUA CUG | 류신 | CCU CCC CCA CCG | 프롤린 | CAU CAC | 히스티딘 | CGU CGC CGA CGG | 아르기닌 |
| | | | | | CAA CAG | 글루타민 | | |
| A | AUU AUC AUA | 이소류신 | ACU ACC ACA ACG | 트레오닌 | AAU AAC | 아스파라긴 | AGU AGC | 세린 |
| | AUG | 메티오닌 (개시코돈) | | | AAA AAG | 리신 | AGA AGG | 아르기닌 |
| G | GUU GUC GUA GUG | 발린 | GCU GCC GCA GCG | 알라닌 | GAU GAC | 아스파르트산 | GGU GGC GGA GGG | 글리신 |
| | | | | | GAA GAG | 글루탐산 | | |

표 2 • 20가지 아미노산과 'STOP'을 지시하는 종결 코돈 목록.

게 이어진 RNA 라인에서 이 코돈들이 나오면 종결하라는 의미다.

단백질 합성 과정에서는 셀 수 없이 많은 상보적 복제가 일어난다. 문제는 세포가 분열할 때나 DNA로부터 전령 RNA로, 다시 수송 RNA로 전사되고 번역될 때 일어나는 복제가 그리 완벽하지 못하다는 점이다. 연구를 통해 추정한 복제 시 오차 발생률은 약 10억 분의 1 정도로 매우 작다. 그러나 수십조 개가 넘는 우리 세포에서 복제가 매우 자주 일어나기 때문에 언제나 실수가 생긴다고 할 수 있다. 아미노산 하나가 코돈 하나와만 대응하면 목적과는 전혀 다른 단백질이 도처에서 만들어질 것이다. 의도와 다르게 기능하는 단백질이 많아지면 결국 병을 일으키는 원인이 되므로 생명체에 치명적이다. 하지만 표에서도 알 수 있듯이 류신의 정보를 복제하는 과정에서 UUA를

UUG 혹은 CUA로 잘못 복제하더라도 동일하게 류신에 해당하므로 문제가 없다.

　생명은 언제나 일어날 수밖에 없는 실수를 보완하는 장치를 어느 정도 마련해둔 듯하다. 생명으로서 안정성을 유지하기 위한 필수 조건이다. 그러나 실수에 의한 유전자 변이를 근본적으로 막을 수 없는 것은 분명하다. 다시 말해 생명은 매우 정교하지만 안정성이 완벽하지 않다. 자연에는 완벽함이 없다. 이렇게 생겨난 변이는 많은 경우 불편이나 치명적 결함을 제공하지만 어떤 경우에는 오히려 더 뛰어난 적응력을 선사한다. 후자의 경우가 바로 자연선택에 의한 진화의 주요 동력이다. 수십억 년 전 처음 지구에서 생겨나 지금까지 끊이지 않고 이어지며 셀 수 없이 다양한 종이 공존하게 된 동력이 바로 복제에서 발생하는 실수라는 사실을 생각하면 완전무결함이란 결코 변화와 발전을 위해 바람직하지 않다. 또 다른 《생명이란 무엇인가》의 저자 폴 너스의 말대로 유전자는 정보를 안정적으로 보전하기 위해 일정한 상태를 유지할 필요성과 때로는 상당히 변화할 수 있는 능력 사이에서 균형을 이룬다.[48]

　이 특성은 또한 카오스의 가장자리에 안정적으로 머물면서도 스스로 질서를 조직하며 역동적으로 변화하는 복잡계의 일반적 특성과 다르지 않다. 단, 생명현상은 참여하는 물질의 구조적 복잡성이 다른 어느 것보다 크기 때문에 조직되는 질서 체계도 매우 정교하다는 점이 다르다.

---

[48] 폴 너스, 《생명이란 무엇인가》(이한음 옮김, 까치, 2021), 65쪽.

## 상호 연결이 만들어내는 뇌와 의식의 창발

생명의 복잡한 구조 가운데 으뜸은 인간의 뇌일 것이다. 나는 오래
전부터 원자로 이루어져 있는 내가 도대체 어느 단계부터 살아 있다
고 느끼는 '자의식'을 가질 수 있는지 궁금했다. 분명 뉴런$^{neuron}$이라 불
리는 뇌세포 자체는 의식이 있다고 할 수 없다. 우리 몸의 다른 세포
들과 뉴런은 구조가 매우 다르다(그림 4). 핵을 포함하는 신경세포체
주위에 수많은 가지돌기$^{dendrite}$가 뻗어 있는데, 이들은 다른 뉴런들과
시냅스$^{synapse}$로 연결되어 있다. 하나의 뉴런이 수많은 다른 뉴런과 연
결되어 망을 이루는 것이다. 다른 뉴런들로부터 받은 신호는 축삭말
단$^{axon\ terminal}$을 거쳐 다른 뉴런으로 전달된다. 수천억 개에 이르는 뉴런
들이 이처럼 수많은 연결망을 이룬 것이 우리의 뇌고, 이로부터 창발
되어 나오는 현상이 자의식이다.

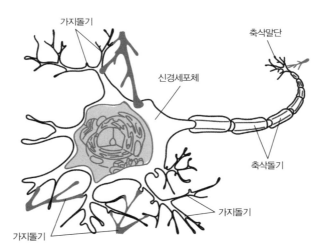

**그림 4** • 뇌세포의 구조.

혼돈의 × 물리학

174

신경과학자 제럴드 에덜먼은 제목이 의미심장한 저서《뇌는 하늘보다 넓다》[49]에서 순수한 결정처럼 완벽하게 통합된 체계와는 달리, 복잡계의 부분들을 작게 나누면 선형적 의존에 의한 통합 방식에서 벗어나 더 강한 독립성을 띠는 현상이 나타나지만, 정반대로 상호작용하는 부분들로 구성되는 더 큰 집단들은 점점 더 완벽하게 통합된 체계에 가까워진다고 복잡계의 특성을 전제한다. 그리고 뇌의 신경망들은 기능적으로 분리되어 있는 듯하지만 신호 교환을 통해 결합하면서 통합성을 띠는, 다시 말해 서로 연결되면서 더욱 일원적인 특성들을 보인다고 설명했다. 대뇌피질을 부분적으로 나누어보면 시신경 부분만 해도 매우 명확하게 분리되어 있지만 이들이 연결되고 신호를 교환함으로써 어느 체계보다 통합된 모습을 보인다는 말이다. 이처럼 상상을 뛰어넘을 정도로 많은 뉴런 연결망의 통합이 동물의 의식, 그리고 언어와 결합된 인간의 한 단계 높은 수준의 자의식을 만들어낸다. 우리 안에는 의식이 자리하는 어떤 세포도, 어떤 분자도 없다. 의식이란 이들의 연결망이 만들어내는 질서의 창발이다.

## 생명과 거듭제곱 법칙

복잡계로서 생명의 특징을 구체적으로 살펴보자. 복잡계의 보편적 특성 중 하나는 거듭제곱 법칙을 따른다는 점을 4장에서 이야기한 바 있다. 도시 인구와 그 인구가 사는 도시의 개수, 지진의 규모에 따른

---

**49** 제럴드 에덜먼, 《뇌는 하늘보다 넓다》(김한영 옮김, 해나무, 2006). 더 상세한 이해를 위해서는 그의 《신경과학과 마음의 세계》(황희숙 옮김, 범양사, 2006)를 참조하라.

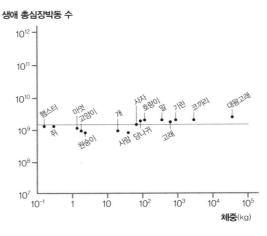

**그림 5 •** 동물들의 체중에 따른 생애 총심장박동 수. 체중에 관계없이 총박동 수는 거의 동일하다.

지진 발생 빈도수 등 많은 복잡계의 사례가 어김없이 거듭제곱 법칙을 따른다. 복잡계인 생명도 예외가 아니다. 가장 잘 알려진 예는 바로 체중에 따른 심장박동 수 변화일 것이다. 그런데 그림 5에 나타난 대로 체중이 가벼운 동물일수록 박동 수가 많고 무거운 동물일수록 적다. 박동 수를 평균 생애로 나눈 값은 체중과 무관하게 같다. 수명에 관계없이 모든 동물의 심장은 같은 회수만큼 뛴다는 의미다. 그래프를 거듭제곱 법칙 형태로 나타내면 분당 박동 수는 체중의 $\frac{1}{4}$ 제곱에 따라 변함을 알 수 있다. $x$축을 체중, $y$축을 분당 박동 수로 정해서 그래프를 다시 그리면 $y \sim x^{\frac{1}{4}}$에 따라 변화한다는 의미다.

입자물리학자이자 복잡계 과학의 선구자로 알려져 있는 제프리 웨스트는 최근의 방대한 저서 《스케일》에서 거듭제곱 법칙에서 드러나는 생물의 다양한 규칙성을 소개했다.[50] 그는 세포에서 고래에 이르는

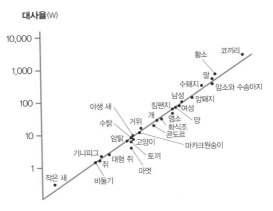

**그림 6** • 여러 동물의 대사율. 복잡계의 전형적인 특성인 거듭제곱 법칙을 잘 보여준다.

생명의 모든 범위에 걸친 생리적 형질이나 생활사적 사건에 스케일링 법칙이 적용되며, 여기에는 대사율뿐 아니라 성장률, 유전체 길이, 대동맥 길이, 나무 높이, 대뇌 회백질의 양, 진화 속도, 수명 등도 포함된다고 밝혔다. 놀라운 점은 거의 모든 거듭제곱값들이 $\frac{1}{4}$ 이나 그와 관련된 값을 갖는다는 것이다. 《스케일》이 흥미롭고 인상적인 이유는 심장박동 수 같은 생물학적 대상뿐 아니라 도시 인구별로 한 도시에서 나오는 특허 건수의 변화나 직원 수에 따른 상장기업들의 순자산과 이익의 관계 같은 경제·사회 영역으로 확장하면서 복잡성을 보편적 단일 프레임으로 이해하려 하기 때문이다.

　특히 웨스트는 생물의 영역에서 체중과 대사율의 관계에 주목하는데, 여기서 나타나는 거듭제곱값은 $\frac{3}{4}$ 이었다(그림 6). 소가 고양이보

　50　제프리 웨스트, 《스케일》(이한음 옮김, 김영사, 2018).

다 100배 더 무겁다고 할 때 소의 대사율이 고양이보다 100배 큰 것이 아니라 100의 $\frac{3}{4}$ 제곱으로 32배 높고, 고래가 소보다 100배 무겁다고 할 때도 고래의 대사량은 소보다 32배 높다고 예측할 수 있다. 웨스트는 놀라우리만치 체계적으로 반복되는 이 현상을 규모 불변scale invariance 또는 자기 유사성self-similarity이라고 부르고, 이것이 거듭제곱 법칙의 본질적 특성이라고 강조한다. 고양이 – 소 – 고래가 100배씩 체중이 늘어감에 따라 대사량도 동일하게 늘어남으로써 나타나는 자기 유사성은 3장에서 이야기한 카오스의 쌍갈래질 그래프의 자기 유사성과 닮았다. 이것을 다시 프랙털과 연관 지을 수 있다. 카오스뿐만 아니라 카오스의 가장자리에 위치하며 복잡하기 그지없는 생명체도 정교한 질서를 가득 품고 있다.

실제로 생명체에는 대사율 외에도 수많은 거듭제곱 법칙이 존재한다. 웨스트에 따르면 "성장률의 지수는 $\frac{4}{3}$에 아주 가깝고, 대동맥과 유전체 길이는 $\frac{1}{4}$, 나무의 키는 $\frac{1}{4}$, 대동맥과 나무줄기의 단면적은 $\frac{3}{4}$, 뇌 크기는 $\frac{3}{4}$, 대뇌 백색질과 회백질의 양은 $\frac{5}{4}$, 심장박동 수는 $-\frac{1}{4}$, 세포 내 미토콘드리아 밀도는 $-\frac{1}{4}$, 진화 속도는 $-\frac{1}{4}$, 막을 통한 확산 속도는 $-\frac{1}{4}$, 수명은 $\frac{1}{4}$에 가깝다." 지숫값이 양이면 증가를 의미하고 음은 감소를 의미한다.

이처럼 생명현상과 관련된 모든 경우에 적용되는 거듭제곱 법칙의 지수는 왜 공통적으로 4를 나타낼까? 정확한 원인을 알기는 쉽지 않을 것이다. 어지러울 정도로 복잡한 생명의 놀라운 질서라고 하지 않을 수 없다. 어느 면에서도 생명은 복잡계 중 복잡계라 할 만하다. 다음 장에서 이야기하겠지만 이런 이유로 인해 20세기에 가까워져서도 많은 사람이 생명의 영역은 과학을 넘어서는 신비롭고 영적인 세계라고 믿었다.

그렇다고 생명현상이 과학의 언어로 완전히 정립되었냐면 사실 그렇지 않다. 슈뢰딩거의 《생명이란 무엇인가》도 제목에 걸맞은 생명의 정의를 내놓지 못했고, 지금까지도 누구나 동의하는 생명에 대한 객관적 정의는 없다고 할 수 있다. 물론 우리가 상식적으로 생명이라고 인정하는 존재들의 공통 특성들을 구별할 수는 있다. 이 책에서도 정확히 생명을 정의할 수는 없지만 여러 생명의 공통 특성과 한계를 검토하면서 생명을 정의하기가 왜 그렇게 어려운지를 알아보자.

## 생명의 또 다른 정의, 온생명

생명의 가장 중요한 조건은 대사$^{metabolism}$와 생식$^{reproduction}$이다. 대사는 우리가 생명이라 부르는 것들 이외의 많은 존재에도 적용되는 현상이다. 자동차 역시 기름을 주입받아 움직이며 배기가스를 배출한다. 따라서 대사가 생명만의 특성이라 할 수는 없다. 생식도 대부분의 생명체에는 해당되지만 암말과 수탕나귀 사이의 잡종인 노새처럼 생식할 수 없는 생명체도 있다. 일벌이나 일개미도 스스로 생식하지 않고 여왕벌이나 여왕개미의 알을 돌보는 데 평생을 보낸다. 이처럼 생식은 모든 생명에게 적용되지 않는다.

생명의 조건으로서 하나의 개체 생명이 아닌 생명 전체의 진화$^{evolution}$를 언급할 수도 있다. 그러나 수십억 년 동안 지구에서 더욱 복잡하고 다양한 종이 끊이지 않고 진화해온 것은 분명하지만 별처럼 생명이 아닌 시스템에도 분명 진화 과정이 존재한다.

20세기 후반 칠레의 두 생물학자 움베르토 마투라나(1928~2021)와 프란시스코 바렐라(1946~2001)는 생명의 주요 특성으로 '자체 생성 autopoiesis'을 제시했다.[51] 이들은 생물의 특징은 자신을 지속적으로 생성하는 데 있다고 주장했다. 이런 뜻에서 생물을 정의하는 조직을 자체 생성 조직이라 했다. 여기서 그리스어 autos는 자기 자신을, poiein 은 만든다는 뜻이다. 다른 신진대사와 달리 생명체는 스스로 역동성을 가지고 자신의 물질을 만들어낸다는 것이다. 단순히 기름을 연소하여 동력을 얻고 배기가스를 배출하는 자동차와는 근본적으로 다르다는 의미다.

그러나 한국 물리학자 장회익은 자체 생성 이론에 중요한 문제를 제기한다. 그에 의하면 자체 생성성이란 원천적으로 개별 생명체에서는 성립할 수 없다. 실제로 모든 생명체는 외부 에너지가 유입되지 않으면 유지될 수 없기 때문이다. 개체적 생명체만으로는 '살아 있음'의 유지가 불가능하며 반드시 '이 개체를 지지하는 바탕 체계'가 필요하다. 실제로 인간은 몇 분 동안이라도 호흡하지 못하거나 오랫동안 음식을 먹지 못하면 삶을 유지할 수 없다. 내 몸을 이루는 부분이 내 몸으로부터 떠나 있다면 역시 살아 있을 수 없다. 이렇게 우리가 살아 있도록 유지해주는 바탕 체계를 장회익은 '온생명'이라 칭했다.[52]

---

51 움베르토 마투라나, 프란시스코 바렐라, 《앎의 나무》(최호영 옮김, 갈무리, 2007).
52 장회익, 앞의 책.

그럼 나를 유지시키는 바탕 체계는 어디까지일까? 물론 가장 직접적인 것은 가족과 동료, 이웃, 그리고 내가 사는 지역의 생태계겠지만 이들도 스스로의 바탕 체계를 통해 삶을 유지하므로 궁극적으로는 지구 생물권 전체라고 할 수 있다. 지구 생태계가 유지되는 가장 중요한 바탕은 태양에너지이기 때문에 결국 온생명은 태양과 지구 생물권을 포함한다. 장회익은 오로지 온생명만이 스스로 살아 있을 수 있으며, 이런 점에서 온생명만이 진정한 의미의 생명을 의미한다고 본다. 그런데 분명 온생명 안에는 개체로 존재하는 수많은 생명이 있다. 이를 온생명과 구분하여 '낱생명'이라 하고, 낱생명 유지에 필요한 온생명의 나머지 부분을 '보생명'이라 한다. 나 이외의 온생명의 모든 존재는 나의 보생명이 된다. 장회익은 전체로서의 온생명과 그 안에 있는 낱생명을 함께 봐야 비로소 생명이란 존재를 이해할 수 있으며, 생명의 특성은 이들과 이들 사이의 관계가 밝혀질 때 드러난다고 결론 내렸다.

원시 지구의 수소, 메탄, 수증기처럼 매우 간단한 물질로부터 아미노산이나 탄수화물 같은 복잡한 생명 물질이 외부 에너지를 통해 합성된 과정이 지구라는 복잡계에서 일어난 1차적 질서의 창발이라고 하면, 1차 질서를 지닌 복잡계들이 더욱 큰 복잡계를 이루어 2차 질서를 형성한 것이 바로 온생명이다. 우리가 공간적으로 경험할 수 있는 가장 넓고 큰 복잡계가 바로 온생명이다. 스스로의 에너지를 토대로 질서를 만들거나 붕괴하며 수십억 년에 걸쳐 진화해온 결과다. 마굴리스와 세이건은 생명이 다윈의 시간을 통해 최초의 세균과 연결되고 블라디미르 베르나츠[53]의 공간을 통해 생물권의 모든 구성원과 연결되어 팽창하고 있는 하나의 조직이며, 신이고 음악이고 탄소이며 에너지로서 생명은 성장하고 융합하고 죽어가는 존재들이 소용돌이치는 결합체[54]라고 주장했다. 역시 온생명과 유사한 관점으로 생명을 기술한 결과다.

온생명에서 흥미로운 점은 주체로서의 인간, 특히 집합적 의미의 인간이 매우 중요하다는 것이다.[55] 다시 말하면 인간은 온생명의 중추 신경계 역할을 하며 모든 정신 활동을 담당한다. 온생명이 태어난 후 처음으로 스스로를 인식할 수 있는 존재인 인간이 온생명 내에 생겨났으며, 집합적 의미의 인간들의 정신 활동이 온생명의 의식이다. 장회익은 이처럼 온생명이 스스로 의식하게 된 사건을 우주사적 대사건이라 이야기하면서도 어느 때부터인가 암세포로 구실하게 되었다는 점에서 우주사적 비극이라고 이야기한다. 이로 인해 인간은 암세포처럼 온생명의 중요한 부분을 차지하고 있으면서도 온생명의 정상적 생리를 파악하지 못하고 오로지 자신의 번영과 증식만 도모하여 온생명의 몸인 생태계를 망가뜨리는 상황에 이르렀다.[56]

우리가 우리를 살아 있도록 떠받치는 '보생명'의 중요성을 인식하고 더 나아가 그들도 우리와 더불어 온생명의 일원이라고 인식하지

---

53 러시아 광물학자이자 과학사상가로 생물권 개념을 처음 사용했다.
54 린 마굴리스, 도리언 세이건, 앞의 책, 79쪽.
55 장회익, 앞의 책, 234쪽.
56 장회익, 앞의 책, 239쪽.
57 제임스 러브록, 《가이아》(홍욱희 옮김, 갈라파고스, 2004).

못한다면 온생명은 결국 큰 타격을 입을 수밖에 없는데 지금이 바로 그러한 상태다. 온생명의 생애에서 이처럼 한 종이 전체를 교란하는 일은 없었다. 이에 따라 2억 5,000만 년 전 페름기 대멸종과 유사한 멸종 위기를 맞고 있다.

## 가이아와 온생명

대기과학자이자 나사[NASA] 외계 생명 탐사에 참여했던 제임스 러브록(1919~2022)은 지구 이외의 행성에 생명이 존재하는지 여부를 어떻게 알 수 있느냐는 물음을 통해 지구가 이웃인 금성이나 화성과 전혀 다른 행성이라는 사실을 깨달았다. 지구가 초유기체로서 우리와 같은 생명체의 특성을 가지고 있다고 생각한 러브록은 이웃에 살던 노벨 문학상 수상자 윌리엄 골딩(1911~1993)의 조언을 얻어 생명으로서의 지구를 가이아[Gaia]라고 명명했다.[57] 잘 알려진 대로 그리스 신화에 등장하는 '대지의 여신' 가이아는 태초의 만물을 낳은 어머니 신이다.

지구가 살아 있다고 볼 수 있는 증거는 지구 스스로 자신의 상태를 조절하며 생명의 공통 특성인 항상성을 유지하는 능력에 있다. 지구 대기의 산소 농도(약 20퍼센트), 평균기온(섭씨 영상 15도), 해양 염분도(3퍼센트) 등이 오랫동안 일정하게 유지된 것이 그 증거다. 물론 지구가 이러한 능력을 갖춘 원인은 미생물부터 포유류에 이르는 다양한 생명체들이 지구 환경을 자신들에게 유리하게 조절하기 때문이다. 그 결과 지구는 살아 있는 생명체처럼 행동하고 있다. 만일 지구처럼 물질이 순환하지 않으면 대기의 95퍼센트 이상이 이산화탄소로 채워지고 밤과 낮의 온도 차이가 매우 극심할 것이다. 금성과 화성이 그러한 상태다.

이런 점에서 보면 가이아는 온생명의 몸체에 해당하는 것처럼 보이지만, 두 이론은 근본적인 차이가 있다. 온생명 이론에 따르면 생명을 올바로 이해하기 위해서는 자족적으로 존재할 수 있는 온생명을 설정해야 한다. 그 안의 인간은 처음으로 온생명이 자의식을 갖게 한 중추세포 같은 존재다. 반면 가이아 이론에 따르면 우리가 생명의 특성이라고 알고 있는 항상성을 지구도 드러내므로 지구 역시 살아 있다고 봐야 한다는 것이다.

## 복잡계 과학과 동양의 생명철학이 만나는 지점

온생명 이론에 따르면 독립적 개체 생명뿐 아니라 전체 관계망을 인식해야 생명의 본질을 이해할 수 있다. 따라서 낱생명에 중심을 두고 생명을 이해하려는 기존의 패러다임을 바꿀 필요가 있다. 사실 온생명은 대사나 생식 같은 낱생명적 특성을 갖지 않는 자족적 실체이면서 태양과 전체 생물권의 관계망의 총체적 집합체다. 이 관점은 과학의 입장에서는 기존의 생명관을 넘어서는 중요한 전환이다. 한편 환원론적·기계론적 세계관을 근간으로 하는 근대과학혁명이 발생하지 않았던 동양에서는 여러 면에서 매우 친숙한 관점이다. 공통된 시각에 따르면 거대한 대륙과 농경 중심 문화를 바탕으로 문명을 이룬 동양은 서양에 비해 공동체적이며 관계 중심적이다. 이를 바탕으로 성립한 전통 사상과 종교의 특징으로서 생명사상, 생명철학이 거론된다. 20세기 과학이 발견한 복잡계적 질서 체계에 대한 사고가 동양에서는 일상의 삶이나 정신세계에 일찍부터 자리 잡고 있었다.

가장 오랫동안 동아시아 정신세계와 삶의 방식을 이끌어온 유교는 정치 이념이 되면서 많은 문제를 만들기도 했지만 공자의 말씀에는 생명의 철학이 담겨 있다. 대표적으로 《논어論語》〈자로子路 편〉 23장에 다음과 같은 말이 나온다.

군자는 조화를 이루지만 같아지지 않고, 소인은 같아지려 할 뿐 조화를 이루지 못한다.[58]

정리하면 서로의 다양성을 존중하면서 다름이 잘 조화되도록 노력하는 사람이 군자요, 다름을 인정하지 않고 자신의 뜻을 강요하며 남을 굴복시키려 하는 자가 소인이라는 이야기다. 유교에서 군자란 곧 성인聖人이요 한 나라를 통치할 조건을 갖춘 사람이므로 결국 이는 공자의 정치철학이라 할 수도 있다. 서로 다름으로써 조화를 이루는 것, 바로 생명의 모습이요 복잡계의 조건이다. 대안교육 운동을 하며 건강한 공동체를 고민하는 내가 별칭으로 '화이和而'를 쓰는 이유도 비슷하다.

무위 사상을 주장하며 유교의 반대편에 있었던 노자의 사상도 생명사상이라 불린다. 《도덕경道德經》 37장에 다음과 같은 구절이 있다.

---

**●** 58 君子和而不同小人同而不和.

도는 언제나 함이 없으면서도 하지 않음이 없다. 제후와 왕이 이를 잘 지킨다면 만물이 장차 스스로 교화될 것이다.[59]

노자 사상의 핵심이라 할 수 있는 도는, 결국 타인으로 하여금 따르도록 압박하는 것이 아니라 오히려 다양한 존재를 그 자체로 존중하면 모든 것이 잘 자리 잡고 질서 있게 움직일 것이라는 의미다. 같은 책 32장에도 다음과 같은 구절이 있다.

백성들을 명령으로 다스리지 않아도 스스로 고르게 된다.[60]

불교는 연기설이나 인드라망 등으로 알 수 있듯이 존재가 아닌 관계적 세계관을 기본으로 한다. 그 자체가 바로 생명사상이라 할 수 있다. 관계적 생명관은 불변의 실체론적 자아를 거부하며 환경과의 섭동을 통해 자아의 변화 가능성을 함의하는 생태론적 모습을 띤다. 그렇다고 해서 자아의 정체성이 없다는 것이 아니라 단지 정체성의 의미가 변함없는 실체가 아니라는 뜻이다.[61] 이를 복잡계 과학과 연결하면 복잡계 이론은 불교의 화엄사상과 다름없이 이 세계를 끊임없이 상호작용하는 의존 관계로 파악하고, 생명 세계는 그러한 작용을 통해 자신을 새롭게 창출하는 과정이라고 본다. 그러한 의미에서 두 이

---

59 道常無爲 而無不爲 候王若能守之 萬物將自化.
60 民莫之令而自均.
61 최종덕, 〈생물학적 정체성〉, 《줄기세포연구와 생명윤리》, 한국생명윤리학회, 2002.

론 체계는 무척 비슷하다.[62]

유불도<sup>儒佛道</sup>를 통합한 우리의 민족종교라 불리는 동학<sup>東學</sup>은 인간뿐 아니라 모든 존재를 '하늘님'으로 모시는 시천주<sup>侍天主</sup> 사상이 핵심이다. 수운 최제우(1824~1864)에 이어 두 번째 교주를 맡았던 해월 최시형(1827~1898)은 만물 중에서 하늘님을 모시고 있지 않은 것이 없으니 이 이치를 알면 살생은 금하지 않아도 저절로 금해지며, 만물을 공경하면 덕이 만방에 미친다[63]고 이야기했다. 또한 천지만물이 하늘님을 모시고 있지 않은 것이 없으며, 저 새소리도 하늘님을 모시고 있는 소리라 했다.[64]

인간을 포함한 지구 생태계는 똑같이 소중하며 모두가 유기적으로 관계 맺어 세상을 이룬다는 복잡계적·온생명적 사고의 극치라 할 수 있다. 일제 강점기에 색동회를 조직하고 최초로 '어린이'라는 말을 만든 소파 방정환(1899~1931)이 동학의 3대 교주 손병희(1861~1922)의 사위라는 사실은 우연이 아니다.

## 동양과 서양의 생명관이 어우러져야 할 이유

동양의 생명관을 이야기하는 많은 저자는 서양의 데카르트적 생명관과의 비교를 빼놓지 않는다. 근대 이후 서양은 우주와 생명을 기계

---

62 윤종갑, 〈불교의 연기론적 생명관〉, 《한국정신과학학회 학술대회논문집》, 28, 89, 2008.
63 "萬物莫非侍天主. 能知此理則殺生不禁而自禁矣. ……敬物則德及萬邦矣", 〈대인접물〉, 《해월신사법설》, 241~242쪽.
64 최시형, 〈영부주문〉, 《해월신사법설》, 251쪽.

적이고 환원론적으로 이해했다. 모든 생명체는 정교한 법칙에 따라 작동하는 기계와 같으며 각 부분들은 기계 부속품과 같기 때문에 한 부분에 병이 생기면 그 부분을 치료하거나 다른 부속으로 교체할 수 있다고 봤다. 이들은 인체에도 같은 관점으로 접근했다. 여기에 뉴턴 물리학이나 양자역학 같은 환원주의 물리학이 급속히 발전한 결과 서양의학은 놀라운 능력을 보여주었다. 문제가 발생한 곳을 엑스선이나 초음파, MRI 등의 진단 장비로 정확히 진단하고 레이저 등을 이용한 정밀 치료 장비들을 개발함으로써 많은 질병을 큰 고통 없이 치료하게 되었다.

그러나 기계론적 관점에 근거한 의학은 질병을 근본적으로 치료할 수 없는 것이 당연하다. 몸에서 나타나는 모든 현상은 단지 그 부분 때문만이 아니라 전체 상호작용을 통해 발현하는 복잡계적 현상이므로 문제가 나타난 부분만 제거한다고 해서 병을 치료했다고 할 수 없다. 예를 들어 내부 장기의 문제로 피부에 여러 증세가 나타났다면 피부병 치료약을 사용하더라도 근본적 치료가 될 수 없다. 특히 아직도 정복이 요원해 보이는 암을 치료할 때면 매우 고통스런 방식으로 암세포를 제거하는 데 치중하다 보니 환자 스스로 병을 극복할 수 있는 체력마저 소진하여 결국 암을 이기지 못하게 되는 점을 보면 기계론적 관점에 분명 한계가 있다고 볼 수 있다.

반면 동양은 전통적 생명관에 따라 병의 원인은 몸의 전체 질서와 균형이 깨졌기 때문이라고 보았기 때문에 부분적 치료보다는 질서와 균형을 회복시켜주는 치료 방법이 발달하였다. 또한 병의 증세가 나

타나기 전에 흐트러진 몸의 균형을 바로잡는 예방적 치료가 서양의
학에 비해 뛰어나다고 알려져 있다. 그렇지만 외상을 크게 입어 다급
한 상황을 해결하는 데는 동양의학에 한계가 있다.

　이처럼 동서양의 관점은 매우 다르다. 이 책에서 강조하는 복잡계
적 관점에서 볼 때 동양이 지금까지 유지해온 방식이 더 타당하다고
여겨질 수도 있다. 그러나 서양은 근대 이후 매우 정밀하고 정확하게
증상을 제거할 수 있는 방법들을 발견해왔고, 이 방법이 지금까지 매
우 성공적이었다는 점을 부정할 수 없다. 실제로 서양의 의료 발전 덕
분에 현대인의 수명이 크게 늘었고, 웬만한 질병은 근본적 치료는 아
니더라도 대부분 일상 활동을 할 만큼 호전될 수 있었다. 이런 상황에
서 의학 발전의 견인차 역할을 한 현대 과학은 환원주의를 넘어 복잡
계 과학으로 폭을 넓히고 있다. 이를 계기로 서양의학도 곧 전환점을
맞고, 이때 전통 동양의학이 중요한 역할을 할 것으로 예상된다. 즉
동서양의학이 각각의 장점을 살리며 융합함으로써 기존 패러다임을
뛰어넘는 새로운 의학이 열릴 것이다. 혼돈과 질서의 조화로 아름다
운 세계가 유지되듯이 진정으로 건강한 우리의 삶은 동서양의 생명
관이 어우러짐으로써 가능해질 것이다.

6장

진화

진화

"처음에 여러 능력과 함께 몇몇 형태 또는 하나의 형태로 생명에 숨이 불어넣어졌으며, 고정된 중력법칙에 따라 우리의 행성이 회전하는 동안 그처럼 단순한 시작으로부터 가장 아름답고 가장 경이로운 형태가 펼쳐져왔고 계속 진화하고 있다는 생명관에는 장엄함이 있다."[65]

다윈의 《종의 기원》의 마지막을 장식하는 문장이다. 문학적인 이 말에는 기존의 과학인 뉴턴 물리학을 넘어 훗날 새로이 나타난 복잡계 과학의 출발을 암시하는 위대한 통찰이 들어 있다. 뉴턴의 중력법칙을 한 치도 거스르지 않고 반복적으로 태양을 공전하는 우리의 행성에서 매우 단순한 형태로 시작한 생명이 복잡한 형태로 진화하고 있다는 사실을 이야기한 내용이다. 지금의 언어로 이야기하면 뉴턴 물리학이 세계의 기계적 질서 체계에 관한 것이라면 복잡계 과학은 다양한 형태로 자기 조직화하는 복잡계적 질서를 의미한다.

뉴턴 패러다임이 정점에 이른 19세기 중반, 학자들은 뉴턴 법칙과

---

65 "There is grandeur in this view of life, with its several powers, having been originally breathed into a few forms or into one; and that, whilst this planet has gone cycling on according to the fixed law of gravity, from so simple a beginning endless forms most beautiful and most wonderful have been, and are being, evolved." Charles Darwin, *On the Origin of Species*, Penguin Books, 2009, p.427.

맥스웰의 전자기 방정식, 그리고 열역학 및 통계역학으로 자연에서 일어나는 대부분의 현상을 잘 이해하고 예측할 수 있었다. 아리스토텔레스의 목적론적 세계관은 물리학에서는 오래전에 자취를 감추었다. 그러나 생명현상, 특히 종이 어떻게 창조되었는지에 대해서는 이야기가 달랐다. 모든 종은 조물주가 개별적으로 창조했으며 변함없이 이어져왔다고 보는 관점이 주류였다. 이런 상황에서 다윈은 이전의 목적론적 사고를 극복함으로써 합리적인 진화 메커니즘을 제시했다. 4장에서 이야기했듯이 에피쿠로스와 맑스의 세계관과 맥을 같이하고 있다.

이 장에서는 다윈의 진화론과 20세기에 드러난 진화의 모습을 살펴보고자 한다. 앞 장에서는 대체로 생명만이 지닌 극도의 복잡성으로 인해 발현되는 정교한 질서 체계를 중심으로 이야기했다면, 이 장에서는 생명이 어떻게 많은 우연성을 바탕으로 더 복잡하고 다양한 형태로 진화했는지를 살펴보려 한다.

## 생명의 탄생

진화를 본격적으로 이야기하기 전에 언제 어떻게 지구 상에 최초의 생명이 생겨났는지를 살펴보자. 오래전에 사람들은 생명이 자연발생적으로 생겨난다고 생각했다. 다시 말해 부모 없이도 많은 생명이 저절로 만들어질 수 있다고 봤다. 지금 보면 매우 황당하고 우스꽝스러운 생각이지만 실제로는 그렇게 생각할 만한 과학적 사실에 바탕한 이론이었다.

17세기 벨기에 의사 얀 밥티스타 판 헬몬트의 실험이 그 예다. 그는 자신의 땀에 젖은 속옷에 우유, 기름, 밀가루를 뿌린 후 항아리에 담아두었는데 얼마 후 그 안에서 쥐가 돌아다녔다. 그는 쥐가 항아리 안에서 자연발생적으로 생겨났다고 생각했다. 이후 자연발생설을 지지하거나 반대하는 여러 실험이 진행되다가 결국 19세기 말 생리학자 루이 파스퇴르(1822~1895)의 '백조목 실험'을 계기로 논란이 끝났다. 그의 결론에 따르면 생명은 자연발생적으로 생겨나지 않았다.

파스퇴르는 플라스크에 육즙을 넣고 끓여 내부의 미생물을 모두 제거한 후 플라스크 목을 S 자로 구부렸다. 그리고 구부러진 부분에 물을 채워 외부로부터 미생물이 들어올 수 없도록 했다. 이후 오랫동안 육즙의 변화를 관찰하였으나 육즙은 부패하지 않고 보존되었다. 플라스크 안에 미생물이 생겨나지 않은 것이다. 이후에 S 자 형태의 플라스크 목을 제거하였더니 곧 미생물이 생기면서 육즙이 부패했다. 이로써 오랫동안 논란이 된 생물의 자연발생설이 폐기되었다. 모든 생명은 언제나 다른 생명으로부터 생겨났다. 지금 존재하는 모든 생명뿐 아니라 과거에 존재했던 생명들도 이전의 생명으로부터 만들어진 것이다.

그러나 여전히 의문이 남았다. 그렇다면 모든 생명의 조상을 거슬러 올라가면 맨 먼저 생겨난 생명이 있을 터인데 그것은 언제 어떻게 생겼을까? 생명이 처음 탄생한 과정은 아직도 명확하게 규명되지 않았지만 대략 38억 년 전 최초로 원시세포가 등장했다고 여겨진다. 그렇다면 구조가 매우 복잡한 세포가 어떻게 생명이 없는 환경에서 만들어졌을까?

생명 탄생에 대한 구체적 가설을 내놓은 사람은 다름 아닌 찰스 다윈(1809~1882)이다. 1871년 한 편지에서 그는 초기 지구에서 단백질 같은 유기물이 합성된 후 따뜻한 연못에서 더 복잡하게 변화하여 생명이 만들어졌다고 썼다. 이 이야기는 '따뜻한 연못 가설'로 알려져 있다. 이후 20세기 초반 다윈의 영향을 받은 러시아의 알렉산드르 오파린(1894~1980)은 원시 지구에 존재했던 유기물을 재료로 최초 생명체가 만들어졌을 것이라는 가설을 세웠다.

구체적인 실험 연구는 1953년 시카고대학교 대학원생이었던 스탠리 밀러(1930~2007)와 지도교수 해럴드 유리(1893~1981)가 오파린의 가설을 실험해보기로 하면서 이루어졌다. 밀러는 원시 지구 대기의 주성분인 수소, 메탄, 암모니아를 플라스크에 넣고 고압 전기를 연결하여 스파크를 일으켰다. 당시 뜨거운 지구에서 번개가 치고 태양으로부터 자외선이 직접 들어온 것과 유사한 상황을 재현하기 위해서였다. 그리고 밑에서 물을 끓여 수증기가 플라스크를 통과하면서 화학반응을 일으키도록 한 후 냉각한 액체를 분석했다.

그 결과는 매우 놀라웠다. 액체에는 단백질의 구성 성분인 아미노산이 합성되어 있었다. 물론 세포를 구성하는 데 필요한 모든 유기물이 합성되어 발견된 것은 아니지만 원시 지구 대기의 성분인 간단한 무기물들에 에너지를 공급하면 더 복잡한 유기물들이 합성될 수 있음을 확인한 이 실험은 의미가 크다. 생명의 씨앗이라 할 수 있는 복잡한 유기물을 단순한 무기물들이 만들었기 때문이다. 이 실험은 최근까지도 보다 정밀하게 진행되고 있다고 한다.

　그러나 이 실험이 곧바로 생명체, 즉 세포의 탄생을 증명한 것은 아니다. 아미노산 합성부터 세포에 이르는 길은 멀고도 멀다. 일단 아미노산이 합성되더라도 수많은 아미노산으로 이루어진 단백질이 합성되고, 이외에도 정보 전달을 위한 핵산$^{RNA, DNA}$이 있어야 한다. 단순한 유기물이 아닌 거대 유기 분자인 이들은 세포에서 실제적 기능을 담당하는 핵심 구성 요소다. 이들이 최초로 합성된 과정은 여전히 알려지지 않고 있다.

　한편으로 이 거대 분자들을 감싸며 외부와의 경계를 만드는 막도 형성되어야 한다. 게다가 유전이 가능하도록 자기 복제 기능이 생겨야 기본적 생명체의 조건을 갖추었다고 할 수 있다.

　최초 생명체가 탄생한 과정은 여전히 오리무중이다. 세부 과정을 정확히 알 수는 없지만 복잡계에서 일어나는 수준 높은 질서의 자기 조직화 과정이었던 것은 분명하다. 이 부분은 5장에서 자세히 이야기했다.

　처음 생명이 탄생한 정확한 메커니즘은 아직 모르지만, 일단 생명이 만들어진 이후 38억 년 동안 지구 생명의 역사는 한 번도 단절된 적 없이 이어져 내려온 듯하다. 다윈의 말대로 간단한 시작으로부터 복잡하고 다양한 생물로 진화했고 계속 진화하고 있다. 생명의 장구한 역사를 알아내는 과정에도 매우 긴 시간이 필요했다. 이 장에서는 본격적으로 다윈의 진화 이론을 이야기하려 한다. 사실 진화를 맨 처음 이야기한 사람은 다윈이 아니다. 여러 사람이 그보다 이전에 생명 탄생이나 진화에 관한 주장을 내놓았다. 그 가운데는 다윈과 유사한 주장도 많았다. 따라서 진화론의 배경을 이해하기 위해 그전의 역사를 간단히 살펴보자. 핵심 주제로 들어가고자 하는 독자는 역사 부분을 생략하고 다윈 진화론으로 넘어가도 좋다.

## 진화론의 긴 역사

플라톤과 아리스토텔레스는 서양철학의 거대한 양대 산맥이다. '이데아' 철학자 플라톤은 현실 세계의 모든 존재는 본질에 해당하는 이데아의 복제품이기 때문에 약간씩 다르더라도 본질이 동일하며 이는 신이 내려준 성질이라고 봤다. 따라서 모든 생물종은 창조된 이후 본질을 유지하고 있다. 아리스토텔레스(기원전 384~기원전 322)도 모든 종은 어떤 목적을 가지고 창조되었으며, 생명의 사다리의 정점에는 인간이 있다고 봤다. 관점이 스승 플라톤과 크게 다르지 않다. 이들의 생명관은 중세를 넘어 뉴턴 물리학이 지배하던 19세기까지 받아들여졌다.

그렇다고 다윈 이전에 두 철학자와 다른 이야기를 한 사람이 없는 것은 아니다. 다른 이야기의 역사는 훨씬 이전부터 시작된다. 과학 작가 존 그리빈과 메리 그리빈의 저서 《진화의 오리진》[66]은 플라톤과 아리스토텔레스 이전의 그리스 자연철학부터 20세기 진화론에 이르는 역사를 많은 문헌과 함께 소개하고 있다. 먼저 아낙시만드로스는 인간이 물고기 같은 생물에서 유래했다고 생각했고, 4원소설을 제창한 엠페도클레스(기원전 493년경~기원전 430년경)도 어떤 신체 부분이 적합하게 결합하면 보존되고, 적합하게 결합하지 않으면 파멸하여 사라진다고 보았다. 원자론자 에피쿠로스는 원자가 결합하여 생물이 형성되었는데 그 가운데 가장 유리한 것은 살아남고 그렇지 않은 것은 살아남지 못했다고 주장하여 다윈 진화론의 핵심인 자연선택과 유사한 이론을 제시했다. 저서 《사물의 본성에 관하여》[67]를 통해 에피쿠로스를 계승, 발전시킨 철학자 루크레티우스도 창조주의 존재에 반대하면서, 온갖 생명체가 비옥한 땅에서 마구잡이 형태로 저절로 솟아났다고 했다. 또 동물이 살아남기 위해 자기 종족을 복제할 수 있어야 한다는 점도 강조했다.

동양의 이슬람과 중국 사상가들 중 일부도 진화론과 유사한 주장을 했다. 도가 사상을 대표하는 철학자 장자는 생물종이 고정되어 있다고 생각하지 않고, 생존 투쟁을 통해 끝없이 변화한다고 했다. 이슬람 지역은 9세기경부터 본격적으로 그리스 문헌들이 들어오면서 생명의 기원이나 진화 가능성에 관해 여러 주장이 나타나기 시작했다. 유럽이 중세 암흑기를 지나는 동안 페르시아의 나시르 알딘 알투시(1201~1274)는 생명이 혼돈에서 생겨났으며, 어떤 형태의 생명은 성공하고 어떤 형태의 생명은 실패했다고 주장했다. 한때 찬란한 과학 문화를 꽃피웠던 이슬람은 십자군전쟁과 몽골의 침략으로 타격을 입으면서 더 이상 과학적 발전을 이루지 못했다.

반면 근대과학혁명을 이룬 유럽에서는 체계적으로 연구하는 과학

---

66 존 그리빈, 메리 그리빈, 《진화의 오리진》(권루시안 옮김, 진선북스, 2021).
67 루크레티우스, 《사물의 본성에 관하여》(강대진 옮김, 아카넷, 2012).

자들이 등장하기 시작했다. 특히 최고의 과학자 뉴턴이 경계했던 로버트 훅(1635~1703)은 물리학뿐만 아니라 위대한 저서 《마이크로그라피아》를 통해 화석이 한때 생물이었으며, 과거 바다였던 곳이 육지가되고 육지였던 곳이 바다가 되었다고 주장했다. 그는 지구의 나이가성서학자들이 생각하는 몇천 년보다 훨씬 많다는 점도 깨달았다. 또사후에 출간된 강연집 《로버트 훅 유고집》(1705)에서는 종이 멸종할수 있으며, 시간이 흐르면 새로운 종이 등장할 수도 있음을 암시했다.그는 새로운 종이 환경 변화로부터 생겨날 수 있다고 봤다. 지금의 진화론과 유사한 내용을 담은 그의 저서는 다윈의 《종의 기원》이 출간된 1859년보다 150년 이상이나 앞서 나왔지만 당시 과학자들은 훅을 잘 알지 못했다.

## 라마르크와 할아버지 다윈

다윈의 진화론을 이야기하기 전에 그에게 중요한 영향을 미친 두사람을 살펴보려 한다. 첫 번째 인물은 최초로 체계적 진화 이론과 법칙을 제시한 장바티스트 피에르 앙투안 드 모네 슈발리에 드 라마르크(1744~1829)다. 그는 진화에 대한 이론을 제시했을 뿐만 아니라 생물학 자체를 분과 학문으로 체계화했다. 그가 언급한 두 가지 진화법칙은 우리에게도 많이 알려져 있다. 첫째는 용불용설, 즉 계속 사용하는 신체 기관은 더욱 발달하고 사용하지 않는 기관은 도태된다는것이다. 기린의 목이 길어진 이유는 높은 나무에 매달린 잎을 먹기 위해 많이 사용했기 때문이며, 펭귄의 날개는 비행하는 데 사용하지 않았기 때문에 수영하기 위한 기능으로 변화했다는 것이다. 둘째는 획득형질 유전법칙이다. 한 개체가 살아가는 동안 얻은 형질은 자손에게 전달된다는 것이다. 다윈을 포함하여 진화를 인정한 학자들이 당연한 이론으로 받아들인 두 법칙은 훗날 잘못된 이론으로 밝혀졌다. 깡마른 사람이 보디빌딩을 통해 열심히 근육을 키웠다고 해서 자식에게 근육이 전달되지는 않는다는 반증 사례가 친숙하다. 단, 최근 후성유전학에서는 두 법칙이 완전히 틀리지는 않았다는 주장이 제기되고 있다.[68] 분명한 것은 생물학과 진화론의 체계를 정식 학문으로 정립한 라마르크의 업적은 이후 생물학 연구에 큰 전환이 되었다는 것이다.

다윈 이전에 올바른 진화론을 암시한 인물이 또 있다. 다름 아닌 찰스 다윈의 친할아버지 에라스무스 다윈(1731~1802)이다. 그는 생물학자이자 의사였을 뿐 아니라 유명한 시인이기도 했다. 박식한 데다 사고가 진보적이어서 매우 급진적인 주장을 했기 때문에 비판받기도 했다. 그는 《주노미아》라는 2권짜리 산문과 《자연의 신전》이라는 시집을 통해 모든 온혈동물이 원시 바다의 단세포로부터 생겨났고 계속 진화해왔다는 주장을 분명히 했다. 에라스무스 다윈은 찰스 다윈이 태어나기 7년 전 사망했기 때문에 두 사람이 직접 만나지는 못했다. 그러나 찰스 다윈이 18세 때 할아버지의 저술을 읽고 매우 큰 영감을 얻은 것은 분명하다. 진화에 대한 생각뿐 아니라 과감하고 급진적인

---

68 후성유전학後成遺傳學, epigenetics은 DNA 변화 없이 후생적으로 일어나는 유전자 활성화를 연구하는 분야로, 라마르크의 법칙이 분자 수준의 유전에서는 가능함을 알려준다.

사고를 거침없이 주장하는 용기와 시인의 감수성도 할아버지에게서 큰 영향을 받은 듯하다.

## 다윈의 진화론

1809년 태어난 다윈은 의사나 목사가 되기를 바랐던 아버지의 희망에도 불구하고 대학을 졸업한 후인 1831년 22세의 나이로 전체 길이 28미터에 불과한 영국 해군 탐사선 비글호에 올랐다(그림 1). 이후 5년간이나 세계 곳곳을 탐사하며 다른 사람들이 경험하지 못한 새로운 세상을 만났다. 그는 해군이 탐사를 위해 정박한 남아메리카, 아프리카, 오스트레일리아, 그리고 태평양 갈라파고스제도 등에서 자연을 관찰하며 견본을 채집하고 기이한 화석들을 수집하여 영국 대영박물관으로 보냈다. 이 때문에 영국에서 이름이 꽤 알려졌다고 한다. 이렇다 할 직업을 갖지 못했던 청년 다윈은 목숨을 걸고 5년간 항해하여 명사가 되었을 뿐 아니라 이후 평생 동안의 연구를 통해 과학적 진화 메커니즘을 제시함으로써 과학사에서 빛나는 별이 되었다. 과연 그가 처음 배를 탈 때 자신의 미래를 예측했을지 생각하면 역시 젊은 시절에는 불확실한 모험도 필요하다.

항해를 마치고 돌아온 다윈은 자신이 가져온 수많은 자료를 토대로 연구를 시작했고, 이윽고 생물의 진화에 대해 누구도 생각하지 못한 이론을 내놓았다. 이제 그의 진화론을 정리해보자.

첫째, 종의 모든 개체는 서로 다르다. 변이는 언제나 존재하며, 우연히 생긴다. 당시에는 변이가 발생하는 과정을 정확히 알 수 없었지만,

**그림 1 •** 찰스 다윈이 탑승하여 5년간 세계를 일주한 비글호.

다윈은 당시 유행하던 식물 재배와 동물 사육가들과의 교류를 통해 추측할 수 있었다.

둘째, 모든 생물은 자연환경이 수용할 수 있는 숫자 이상의 자손을 낳는다. 따라서 종 내에서의 생존 투쟁이 불가피하다. 실제로 다윈은 연구에 몰두하다 우연히 읽은 토머스 맬서스(1766~1834)의 저서《인구론》[69]에서 영감을 얻었다. 맬서스는 인구가 기하급수적으로 빠르게 증가하는 반면 식량은 산술급수적으로 증가하므로 결과적으로 식량이 부족해질 수밖에 없다고 주장했다. 다윈은 이 사실에 주목했다. 사실 맬서스의 인구론은 빈민들을 구제하지 말고 제거해야 한다는 주

69  토머스 맬서스,《인구론》(이서행 옮김, 동서문화사, 2016).

장을 담고 있었다. 이로 인해 당시 빈민구제법을 통해 실행되던 빈민 지원이 중단되었다고 한다. 하지만 훗날 비료 발명 등 농업혁명을 통해 식량 생산이 급증함으로써 맬서스의 예측은 맞지 않는 것으로 판명되었다.

셋째, 개체의 형태와 성질은 부모로부터 자손에게 유전된다. 따라서 개체에게 발생한 변이는 다음 세대에 그대로 전달된다. 사실 다윈은 유전의 정확한 메커니즘을 몰랐다. 그런데 동시대인이었던 수도사 그레고어 멘델(1822~1884)은 완두콩을 교배시켜 다음 세대 형질을 연구하여 유전법칙을 알아냈다. 그는 유전이란 부모의 중간 형질이 자손에게 전해지는 현상이 아니라는 놀라운 결과를 얻었다. 둥근 완두콩과 주름진 완두콩을 교배하면 그 중간 형태가 아니라 둥근 완두콩이나 주름진 완두콩이 일정 비율로 나왔다. 아쉽게도 멘델은 자신이 발견한 법칙을 수도원이 있던 브륀 자연과학협의회 회의에서 발표하고 출간했기 때문에 학계에 거의 알려지지 않았다. 다윈도 죽을 때까지 멘델의 이론을 몰랐다고 한다.

넷째, 변하는 자연환경에 적응한 종은 생존하고 그렇지 못한 종은 도태된다. 이것이 진화론의 핵심인 자연선택이다. 생존에 유리한 변이가 세대를 거듭함에 따라 새로운 종이 탄생할 수 있다.

다윈이 《종의 기원》을 출간하기 전 갑자기 나타난 생물학자 때문에 우여곡절을 겪은 일화는 잘 알려져 있다. 주인공은 앨프리드 월리스(1823~1913)다. 그는 다윈과 별개로 30대 초반부터 8년 동안 동남아시아를 탐사한 후 다윈과 동일한 진화 메커니즘을 이끌어냈다. 그가 다윈에게 자신의 진화 이론을 설명하고 학술지에 게재하도록 추천해 달라고 부탁하는 편지를 보내자 다급해진 다윈은《종의 기원》출간을 앞당겼다. 이로 인해 다윈 진화론이 다윈-월리스의 진화론으로 불리기도 한다.

## 역사에는 목적지가 없다

앞에서 정리했듯이 다윈의 업적은 진화의 메커니즘을 명확히 제시했다는 데 있다. 월리스 이외에 누구도 제시한 바 없는 이론이었다. 당시 과학과 기술로는 진화 메커니즘을 정확히 검증하기가 불가능했기에 가설로 존재할 수밖에 없었지만《종의 기원》은 출판만으로도 매우 큰 논란을 낳았다. 다윈은 서양을 오랫동안 지배해온 아리스토텔레스의 목적론적 생명론에 치명타를 날렸다. 진화는 목적 없이 진행되어왔다. 끊임없이 변화하는 지구 생태계 환경에 적응한 생물종은 생존하며 그렇지 못한 종은 도태된다. 이것은 약육강식에 관한 이야기가 아니다. 만일 그랬다면 호랑이 같은 포식자는 살아남고 연약한 토끼는 예전에 사라졌어야 하지 않은가? 실제로는 정반대다. 먹이사슬의 정점에 있는 포식자는 변화에 가장 취약할 수밖에 없다. 진화는 강한 종이 약한 종을 먹어치우는 것이 아니라 적응하는 종이 살아남는다는 이야기다.

에피쿠로스의 원자론과 맑스의 변증법적 역사유물론에 관한 알튀세르의 여행자 비유가 다시 떠오른다.[70] 세계의 역사는 목적지가 정해진 여행이 아니라 우연히 열차에 올라타고 주위 사람들과 더불어 접

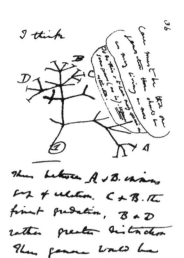

**그림 2** • 1837년 찰스 다윈이 고안한 '생명의 나무' 스케치.

하는 사건을 회피하지 않으며 변화를 이끌어내는 목적 없는 여행과 같다. 생명의 역사도 그렇다.

　자연은 아리스토텔레스가 생각한 '생명의 사다리'의 최정점에 있는 인간을 등장시키기 위해 진화한 것이 아니다. 다윈은 진화를 수직적 생명의 사다리가 아닌 '생명의 나무'로 표현했다. 그가 노트에 그린 그림 2는 단일 조상으로부터 새로운 종들이 계속 갈라져 나온 모습을 나타내고 있다. 인간도 생명의 나무 한 끄트머리에서 분화한 종에 불과하다.

**70** 루이 알튀세르,《철학과 맑스주의》(서관모, 백승욱 편역, 중원문화, 1996).

이로써 고대로부터 내려온 인간 중심, 나아가 인간 우위의 세계관은 큰 위기를 맞았다. 인간은 지구가 우주 전체의 중심이라고 생각했다. 실제로 모든 천체가 지구를 중심으로 돌아가는 것처럼 보였다. 그러나 코페르니쿠스의 태양중심설이 나오면서 지구는 우주의 중심으로부터 변방으로 밀려났다. 기독교 교리를 거역한다는 이유로 여러 사람이 탄압받았지만 사실을 막을 수는 없었다.

지구는 우주의 중심에서 물러났지만, 지구의 생명 가운데 인간만큼은 진화의 정점에 있으며 지구 전체를 관장한다는 믿음은 지속되었다. 이제 다윈에 이르러 그 믿음도 사라질 상황이 되었다. 인간은 그저 진화를 통해 우연히 등장한 하나의 종일 뿐이다. 하지만 인간은 다른 종들과 분명 다른 점이 있어 보인다. 비록 진화의 산물이라 하더라도 뚜렷한 자의식을 가지고 합리적 이성을 바탕으로 행동하고 사유하며 자신을 성찰하는 특별한 존재 아닌가? 그러나 이 믿음도 20세기 벽두에 등장해 이성은 빙산의 일각일 뿐이며 무의식이 훨씬 많은 부분을 지배한다고 주장한 지그문트 프로이트[71]가 허무하게 무너뜨렸다.

## 진화론이 확인되다

가히 혁명적 가설이었던 다윈 진화론은 논란의 중심에 있었지만 완전히 입증할 수는 없었다. 일단 당시에는 변이가 발생하고 유전되

---

71 프로이트의 대표 저작《꿈의 해석》이 1900년에 출간되었다.

는 메커니즘을 밝혀낼 방법이 없었다. 또한 당시 학자들이 이론으로 제시한 지구의 나이는 오랜 시간에 걸쳐 자연선택으로 생명이 진화하기에는 턱없이 짧았다.

20세기에 이르자 학자들의 유전 연구가 매우 빠르게 진행됐다. 묻혀 있던 멘델의 유전법칙을 20세기 벽두에 재발견했고, 1세대가 1년이나 되는 완두콩이 아니라 2주에 불과한 초파리를 연구하면서 유전자의 실체를 드러내기 시작했다. 원래 딱정벌레 전문가였던 테오도시우스 도브잔스키(1900~1975)는 《유전학과 종의 기원》이라는 저서에서 유전학과 진화생물학의 통합을 선언했다. 초파리 모두가 조금씩 다른 유전자를 지니고 있음을 확인한 그는 변이가 세대를 거치며 누적된다는 사실을 알아냈다. 또한 변화하는 환경에 적응한 개체들이 살아남고 그렇지 못한 개체들은 도태되며, 이어지는 변화 속에서 변종이 만들어지는 것도 확인했다. 다윈의 핵심 이론인 변이에 의한 자연선택이 실제로 확인되었다. 멸종한 생물들의 화석을 연구한 고생물학자 조지 심슨(1902~1984)은 변이를 통한 진화가 나타났음을 입증했다. 이처럼 20세기 중반에 정립된 유전학과 진화생물학의 통합을 생물학의 '현대적 종합'이라 한다.

다윈 시대 과학자들은 지구 나이를 성서에 기반하여 6,000년 정도로 생각했다. 몇몇 학자가 나름의 가설로 추정하여 6,000년보다 훨씬 오래됐을 것이라는 이론을 제시했지만 정확히 알 방법은 없었다. 결국 20세기 들어 방사능이 발견되고 이후 양자물리학이 정립되면서 나이를 계산할 수 있는 길이 열렸다. 우라늄 등 많은 원자는 핵이 분열하면서 다른 원소로 바뀐다. 이것이 핵분열이다. 이때 중요한 것이 반감기라는 시간이다. 처음에 100개의 우라늄이 있고, 핵이 분열하여 다른 원자로 바뀌기 시작했다고 하자. 모든 우라늄이 동시에 분열하지는 않기 때문에 우라늄의 수는 지속적으로 감소한다. 반감기란 우라늄이 50개가 될 때까지 걸리는 시간이다. 오래된 암석에 들어 있는 우라늄 같은 방사능물질이 처음 암석이 만들어졌을 때의 양에 비해 얼마나 감소했는지를 측정하면 이 암석이 형성된 시기를 계산할 수 있다.

1953년 지구화학자 클레어 패터슨(1922~1995)은 지구에 떨어진 운석이 태양계 형성 과정의 마지막 찌꺼기라 생각하고 이 방법으로 운석의 연대를 측정했다. 그 결과인 45억 년이란 값은 지금도 달라지지 않을 정도로 정확했다. 45억 년은 자연선택에 의한 진화가 일어나기에 충분한 시간이다. 《종의 기원》이 출간된 지 100년 가까이 지나고 DNA의 이중나선 구조에 대한 역사적 논문이 발표된 해에 다윈의 이론이 진정으로 완성되었다.

## 다양성의 원천은 우연이다

이제 유전자 변이가 어떻게 우연히 발생하는지 살펴보자. 변이라고 하면 많은 사람이 돌연변이를 떠올린다. 돌연변이는 유전정보가 복제되는 과정에서 오류가 일어나 자손이 부모와 매우 다른 형질을 갖는 상황이다. 역시 예측하기 힘든 우연적 사건이다. 그러나 돌연변이와 관계없는 다양성은 언제나 존재하며, 세포가 분열하는 과정에서 언제

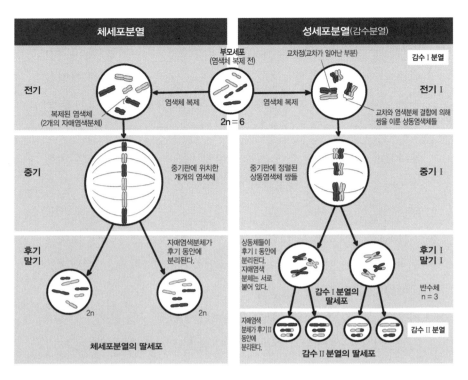

그림 3 • 체세포분열의 경우 모세포와 딸세포는 유전적으로 동일한 반면 감수분열은 유전적 다양성이 나타난다.

나 일어난다.

그림 3은 세포분열 과정의 유전자 변화를 나타낸 것이다. 여기서는 간단히 표현하기 위해 DNA가 총 여섯 개(세 쌍)의 염색체로 이루어져 있다고 가정했다. 검은색 염색체는 아버지로부터, 회색 염색체는 어머니로부터 받은 것이다. 실제 사람은 총 46개(23쌍)의 염색체로 이루어져 있다. 그림 왼쪽은 체세포분열 과정<sup>mitosis</sup>을 나타내며 오른쪽은

감수분열이라 불리는 성세포분열<sup>meiosis</sup>을 나타낸다.

복제가 일어나기 전의 모세포에는 총 여섯 개의 염색체가 있다. 체세포분열의 경우 모든 염색체에서 복제가 일어나 총 열두 개가 된다. 자매 염색체들끼리 짝을 이룬 후 세포핵의 가운데 부분을 따라 정렬한다. 그다음 생성된 방추사에 이끌려 각 염색체가 양쪽으로 나뉘어 이동하면 전체 핵이 분열하고, 결국 세포 전체가 분열한다. 결과적으로 모세포와 똑같이 염색체가 여섯 개인 딸세포 두 개가 생겨난다. 이 과정에서는 유전자에 어떠한 변화가 일어나서도 안 된다. 다시 말해 간세포는 분열해도 여전히 간세포여야 한다.

다음으로 성세포분열을 보자. 모세포에서 염색체가 복제되는 것은 체세포분열과 같지만 여섯 개의 상동염색체가 한 묶음으로 짝을 이루고 이들이 세포핵의 중심에 정렬한다. 이때 염색체들 간의 교차가 일어나고 일부가 섞이면서 처음의 모세포와 다른 변형이 일어난다. 제1감수분열 과정에서 방추사에 의해 두 개로 나뉜 후 다시 제2감수분열을 통해 네 개의 핵, 그리고 세포가 생겨난다. 각 세포는 처음의 모세포가 가진 염색체의 반수만 갖는데, 이후 배우자 세포와 결합하여 다시 세 쌍(여섯 개)의 온전한 염색체를 가진 개체가 된다. 이렇게 생성된 성세포 모두는 중간에 일어난 교차 때문에 조금씩 다르며 모세포와도 약간 다르다. 우리가 부모나 형제들과 똑같지 않은 이유다. 또한 우리 모두가 조금씩 다른 이유이기도 하다. 인간은 세 쌍이 아닌 23쌍의 염색체를 가지고 있기 때문에 훨씬 다양한 변이가 나타난다.

이처럼 변이는 감수분열이 나타날 때마다 거의 우연히 결정된다.

매우 정교한 유전자 시스템이 복제되는 과정에서 임의적으로 나타나는 변이라고 보면 질서와 우연의 결합이라 할 수 있다. 이로써 진화에 관해 다윈이 제시한 메커니즘인 우연한 변이와 유전, 그리고 자연선택 가설의 타당성이 입증되었다. 진화를 일으키는 주요 원인인 변이에는 우연이 개입한다.

그렇다고 해서 다윈이 품은 모든 의문이 풀린 것은 아니었다. 이제 그의 의문 가운데 또 다른 문제인 '다양한 형태'가 나타나는 이유를 살펴보자.

## 진화론의 새로운 종합, 이보디보

다윈의 의문은 이 장을 열었던 《종의 기원》의 마지막 문장에 들어 있다. "그처럼 단순한 시작으로부터 가장 아름답고 가장 경이로운 형태가 펼쳐져왔고 계속 진화하고 있다"라며 생명관의 장엄함을 이야기한 대목이다. 어떻게 이처럼 다양한 형태가 만들어질 수 있었느냐는 의문이다. 가까운 주변만 돌아봐도 생물 형태의 다양함을 쉽게 알 수 있다. 심산유곡에 살면서 농사짓는 나에게는 그 다양함이 더욱 선명하게 다가온다. 어떻게 수십 가지 농작물은 형태와 더불어 재배나 수확 방법이 그렇게 다른지, 또 논밭에 깃들여 사는 수많은 크고 작은 동물의 모습도 어찌 그리 다양한지 놀라울 따름이다.

생명의 다양한 형태를 이야기하려면 생물이 발생<sup>development</sup>하는 과정, 즉 수정란으로부터 성체에 이르는 과정을 이해해야 한다. 최초로 수정된 세포가 세포분열을 시작하고 그 과정에서 사지를 비롯한 신체

각 부분이 완성되는 과정은 매우 오랫동안 베일에 싸여 있었다. 따라서 발생학은 다른 생물학 분야에 비해 미지의 영역으로 남아 있었다. 특히 의문시된 점은 수정란 이후 세포가 계속 분열하더라도 모든 세포의 DNA 정보는 똑같은데 어떻게 성체에서는 형태와 기능이 다양한 세포가 존재할 수 있느냐는 것이었다. 우리 인간도 250종류 이상의 세포가 있는 데다 모양도 매우 다양하다. 처음에는 세포분열 시 각 세포마다 DNA 정보의 일부만 복제되는 것 아닐까 가정했지만 그렇지 않았다. 유전자는 모든 세포분열에서 빠짐없이 복제되어 전달된다.

그럼 어떻게 세포들이 그렇게 다를 수 있는가? 알려진 바로는 유전자 중 활성화하는 영역이 서로 다르기 때문이다. 같은 염기서열을 모두 갖추고 있지만 환경 조건에 따라 활성화하는 부분이 다르다. 유전자 자체가 모든 것을 결정하는 것이 아니라 세포가 처한 환경에 따라 기능과 역할이 달라진다는 의미다.

그렇다면 또 하나의 의문이 남는다. DNA의 어떤 부분을 활성화하고 어떤 부분은 비활성화하도록 조절하는 것은 무엇일까? 실제로 조절을 담당하는 유전자가 존재한다. 보통 유전자는 세 개의 염기로 하나의 아미노산을 지정하며, 수백, 수천의 아미노산이 결합하여 이루어진 조직이 단백질이다. 생명 활동에서 단백질은 가장 중요한 실행자이므로 DNA가 담고 있는 중요한 정보가 단백질을 합성하기 위한 열쇠 역할을 한다.

그런데 수많은 단백질 중 일부는 원활한 생명 활동 외에 유전자가 복제를 통해 단백질을 합성하는 과정 자체를 조절한다. 이처럼 특별하게 기능하는 단백질을 합성하는 조절유전자가 존재한다. 정리하면 유전자 자체의 활성화를 조절하는 유전자가 있다. 놀랍게도 조절유전자 역시 적지 않게 존재한다.

조절유전자들은 어떻게 발생 과정에서 생명의 다양한 형태를 만들어낼까? 이 분야 최고의 학자로 꼽히는 션 캐럴이 최근 저술한《이보디보: 생명의 블랙박스를 열다》[72]가 매우 정확하고 자세한 정보를 알려준다. 제목의 이보디보$^{Evo-Devo}$는 진화$^{evolution}$와 발생$^{development}$을 결합한 용어다. 20세기 초 유전학과 진화생물학의 만남인 현대적 종합에 이어 20세기 후반 발생학이 새로운 통합에 합류했음을 드러낸다. 그럼 어떻게 발생 과정에서 다양한 형태가 만들어지며 진화 과정에서 어떤 역할을 하는지 살펴보자.

캐럴은 곤충이나 절지동물, 그리고 포유동물의 놀라운 다양성에 집중했다. 같은 종류의 모듈 단위가 여러 차례 반복되는 이들의 구조는 레고 블록 몇 가지로 조립한 것과 유사했다. 모듈 구조는 많은 동물에 적용된다. 일례로 사람의 팔과 다리도 비슷한 모듈 구조다. 다리는 허벅지와 종아리와 발로, 팔은 위팔과 아래팔과 손으로 구성되고, 손과 발도 다섯 개씩의 유사한 조각으로 이루어져 있다. 사지동물의 몸은 언제나 이처럼 모듈 구조였다. 매우 복잡한 나비 날개의 무늬도 자세히 관찰하면 몇 가지 반복적 기본 요소(모티프)로 구성되어 있다. 더 나아가 이 원리는 외형뿐 아니라 훨씬 깊숙한 유전자의 메커니즘에도

---

72 션 B. 캐럴,《이보디보: 생명의 블랙박스를 열다》(김명남 옮김, 지호, 2005).

영향을 미쳤다.

결론적으로 동물 구조의 모듈은 매우 복잡해 보이는 상황에 반복적 질서가 있음을 보여준다. 카오스에서도 살펴본 것처럼 매우 단순한 규칙으로 만들어지는 프랙털 구조가 자연의 복잡한 무질서함을 재현할 수 있듯이, 생물의 수많은 형태도 반복되는 단순한 몇 개의 모듈 구조로 나타낼 수 있다. 복잡함 속에 놀라운 질서가 내재해 있는 또 하나의 중요한 사례다.

그럼 신체의 모듈 구조는 유전자와 어떤 관련이 있을까? 이것이 바로 발생과 유전, 진화가 만나는 지점이다. 어떤 형태의 동물이든 기본적 모듈의 조합으로 나타낼 수 있다면 형태와 관련된 유전도 동물마다 다를 필요가 없을 것이다. 이에 관한 역사적 발견이 바로 호메오박스homeobox라는 유전자 복합체다. 초파리에서 발견된 이 유전자는 여덟 개의 유전정보와 180개가량의 염기서열을 갖고 있다. 각 호메오 유전자는 초파리의 특정 신체 부위와 관련 있다. 작은 상자처럼 생겼기 때문에 생물학자들은 호메오박스 유전자, 이후에는 줄여서 혹스Hox 유전자라 부른다.

놀라운 사실은 다른 동물종들에서도 혹스 유전자를 발견했다는 점이다. 몇몇 쥐와 개구리에서 대부분의 유전자가 동일한 데다 위치까지 똑같은 혹스 유전자를 발견했다. 이토록 서로 다른 동물들의 유전자에 놀라운 유사점이 있다는 사실은 누구도 상상하지 못했다. 캐럴에 따르면 혹스 유전자는 너무도 중요해서 장구한 세월을 거치면서도 거의 달라지지 않고 보전되어왔다.

또 다른 예는 눈의 발생과 관련된 유전자다. 눈도 동물에 따라 해부 구조가 무척 다르기 때문에 전혀 다른 유전자가 관련되어 있을 것으로 생각했으나 사실은 그렇지 않았다. 초파리의 눈에는 아이리스<sup>eyeless</sup> 유전자가 관련되어 있다. 이 유전자에 돌연변이가 생기면 눈이 없는 파리가 생기기 때문에 붙은 이름이다. 사람도 이에 대응하는 동일한 유전자가 있다. 아니리디아<sup>aniridia</sup> 유전자가 그것이다. 이 유전자에 돌연변이가 생기면 홍채 크기가 줄어들거나 심한 경우 사라져버린다. 이것도 쥐의 눈이 형성되는 과정에서 같은 기능을 하는 스몰아이<sup>small eye</sup> 유전자와 같다. 정말로 흥미로운 점은 초파리 등의 겹눈 구조와 인간의 단일 렌즈 구조가 전혀 다른데도 불구하고 동일한 유전자가 관련되어 있다는 것이다.

이 사실을 확인하기 위해 연구자들은 다소 '꺼림직한' 실험을 했다. 포유류인 쥐의 스몰아이 유전자를 초파리의 세포에 집어넣는 실험이었다. 그렇다면 초파리에게 겹눈이 아닌 쥐의 눈이 생겼을까? 그렇지 않았다. 초파리의 눈이 정상적으로 생겼다. 쥐의 스몰아이 유전자가 초파리의 눈 발생 프로그램을 유도하는 역할만 하고 눈이 발생하는 모든 과정에 관여하지는 않았다는 의미다. 즉 이름은 다르지만 동일한 유전자(모두 팍스-6 유전자라고 부른다)가 초파리, 쥐, 사람의 눈을 형성하는 유전자 내 프로그램을 켜주는 스위치 역할을 한다고 볼 수 있다.

비슷한 현상을 혹스 유전자나 팍스-6 유전자 이외에도 얼마든지 볼 수 있다. 신체 전체나 일부의 형태를 결정하는 이 유전자들은 동물 종에 관계없이 동일하다. 이처럼 진화 메커니즘에서는 조절유전자들이 발생 과정에서 특정 부분의 발생 프로그램을 유도하는 스위치 역할을 하고, 스위치의 체계가 변한다. 생명의 진화는 공통 스위치들의 변화로 설명할 수 있다. 이보디보는 유전과 자연선택을 넘어 발생을 관장하는 유전자들의 변화를 통해 구체적이고 다양한 진화 메커니즘을 설명해준다. 생물 내에서, 혹은 외부에서 주어진 환경에 따라 동일한 조절유전자들의 기능이 변함으로써 진화가 일어난다. 결과적으로 진화는 유전자–개체 생명–자연환경이 함께 만들어내는 복잡계적 과정의 결과다.

## 진화의 핵심은 협력이다

다윈에서부터 생물학의 현대적 종합을 거쳐 이보디보에 이르면서 생명의 블랙박스가 열리고 있다. 그동안 미지의 영역이던 생명의 깊숙한 세계가 계속 드러날 것이다. 이 장을 마무리하면서 구체적으로 진화가 어떤 흐름으로 진행되어왔으며 그 흐름의 본질적 내용은 무엇인지, 또 생명의 복잡계적 성질과는 어떤 연관이 있는지를 최신 분자생물학을 비롯한 생명과학을 토대로 살펴보려 한다.

분명 진화는 생명과 자연환경의 끊임없는 상호작용으로부터 나타난 결과다. 변이와 환경 변화에는 우연성이 깊이 개입하기 때문에 정해진 진화 경로나 도달해야 할 종착지가 없다. 다윈이 처음 그린 생명의 나무처럼 무수한 가지치기가 일어난 사실이 말해준다. 그럼에도 실제 생명의 역사에서 분명한 점은 단순한 시작으로부터 여러 단계를 거쳐 훨씬 거대하고 복잡한 생물들이 탄생했다는 것이다. 역시 지구의 환경 변화에 능동적으로 적응하며 최초의 낮은 질서 상태로부터 스스로 복잡성이 더 높은 질서 체계를 조직해낸 결과다.

원시 지구에서 처음 탄생한 생명은 가장 초기의 단세포였다. 우리가 그때로 돌아가 지구를 본다면 생명이 있다는 사실을 모를 것이다. 다윈의 표현대로 가장 단순한 단세포(그래도 어떤 비생명 물질보다 복잡하지만)에서 시작한 생명은 지금까지 매우 '중요한 전환들major transitions'을 겪으며 형태가 매우 복잡하고 다양해졌고 종의 숫자도 크게 늘었다. 이제 지구는 어느 외계인이 보더라도 생명이 살아 숨 쉬는 행성 모습을 갖추었고 커다란 생명들로 가득 채워져 있다.

이 중요한 전환들을 간결하지만 정확히 기술한 책이 20세기를 대표하는 유전학자이자 진화생물학자 존 메이너드 스미스(1920~2004)와 외르시 서트마리의 《The Origins of Life》[73]다. 우리나라에도 《40억 년간의 시나리오》라는 제목으로 번역서가 나왔다. 흥미롭게도 제목의 '기원Origins'이 단수가 아닌 복수형이다. 복수로 쓴 이유는 생명의 기원에 대한 여러 가설을 소개한다거나 생명이 여러 번 탄생했다는 의미가 아니다. 생명이 진화하는 과정에서 매우 '중요한 전환'이 여러 차례 나타났고 그중 하나라도 일어나지 않았다면 지금에 이르지 못했을 것이란 점에서 그 전환들이 새로운 생명의 세계를 열었다는 의미로 볼 수 있다.

그럼 이 책에서 말하는 진화 과정의 중요한 전환들은 무엇인지 정

---

[73] John Maynard Smith and Eörs Szathmäry, *The Origins of Life*, Oxford Univ. Press, 2000, 존 메이너드 스미스, 《40억 년간의 시나리오》(한국동물분류학회 옮김, 전파과학사, 2001).

리해보자. 관점에 따라 다를 수 있지만 생명의 핵심은 '정보'라고 보는 견해가 점차 늘고 있다. 이 책에서도 이 점을 강조한다. 중요한 전환은 생명의 정보가 저장되고 복제되고 전달되고 실행되는 방식이 크게 변화할 때 일어났다. 이 전환의 공통점은 복잡계 안에서 더 높은 수준의 질서가 조직된다는 점이다. 책에서 정리한 전환들은 다음과 같다.

첫째는 개별적으로 복제하던 분자들이 서로 꼬리를 물고 결합하여 염색체라는 링크를 형성함으로써 복제 분자들의 공동체가 만들어진 변화다. 함께 복제됨으로써 서로의 '협력'을 통해 복제율이 증가했다.

둘째는 RNA가 정보의 저장과 실행 모두를 책임지던 상황에서 DNA와 단백질이 등장하여 각자의 역할을 나눈 것이다. 유기적 '역할 분담'으로 복제 과정의 오류를 줄이면서 더 큰 정보 용량을 만들 수 있었다.

셋째는 DNA가 세포 전체에 걸쳐 흩어져 있었던 원핵세포[prokaryote]로부터 세포핵이 DNA 전체를 감싸며 세포 내 다른 기관들과 구분되는 진핵세포[eukaryote]로 변화한 점이다. 세포의 다양한 기관들이 '협력'함으로써 규모가 큰 세포를 유지할 수 있었다.

넷째는 무성생식으로부터 성[sex]이 출현한 사건이다. 후손을 만들기 위해 두 성이 '협력'하고 '역할을 분담'함으로써 생존 확률을 높였다.

다섯째는 단세포로부터 다세포생물이 출현한 사건이다. 이른바 세포 공동체로 다양한 세포가 '협력'하고 '역할을 분담'함으로써 눈으로 볼 수 있는 다양한 생물이 출현했다.

여섯째는 먹이를 구하거나 천적을 피하기 위해 '나 홀로 삶'으로부터 벗어나 사회를 형성한 것이다. 사회 구성원의 '협력'과 '역할 분담'이 필수가 되었다.

마지막으로 동물 사회에서 체계적 언어를 지닌 인간 사회가 나타났다. 생물학적 정보와 더불어 언어를 통해 정보를 교환한 인간 사회는 협력에 바탕한 다양한 문화를 조직하고 문명을 건설했다.

정리하면 진화 과정에서 여러 중요한 전환이 시기마다 일어남으로써 많은 정보량을 지닌 생명으로 변화했음을 알 수 있다. 변화의 공통점은 새로운 공동체를 조직한 구성 요소들이 공동체의 작동을 위해 매우 유기적으로 협력하고 역할을 분담한다는 것이다.

매우 놀랍고 흥미로운 사실도 있다. 세계적 생물학자 린 마굴리스(1938~2011)는 현재의 진핵세포에 존재하는 미토콘드리아는 원래 산소를 이용하여 에너지를 만들던 단세포 박테리아가 산소를 이용할 수 없었던 진핵세포로 들어와 공생하면서 오늘날까지 이르렀고, 이로써 산소 세포 호흡이 가능해졌다고 주장했다. 이른바 '세포 내 공생설'이다. 뿐만 아니라 처음으로 이산화탄소를 이용해 광합성할 줄 알았던 시아노박테리아가 진핵세포로 들어가 공생함으로써 엽록체가되었고 식물이 되기에 이르렀다. 미토콘드리아와 엽록체는 공생 이전에 독립적 세포였기 때문에 자체 DNA를 가지고 있으며, 생식 과정에서 수정란의 모든 기관을 난자가 제공하므로 이들의 DNA는 모계 혈통을 통해 이어진다. 호흡이라는 매우 효율적인 에너지 생성 방식과 빛으로 양분을 생산하는 식물은 이처럼 두 생명이 협력하고 역할을 분담한 결과다.

진화를 언급하면 많은 사람이 선입견 때문에 생존경쟁과 약육강식을 떠올린다. 실제로 19세기 말 다윈의 이론을 인문·사회과학에 적용한 사회다윈주의(사회진화론)가 많은 영향을 미쳤다. 진화의 핵심이 생존경쟁이라는 이 이론은 당시 유럽의 제국주의, 군국주의, 인종주의를 뒷받침했다. 다윈과 동갑인 시인 앨프리드 테니슨(1809~1890)이 "자연은 이빨과 발톱이 피로 물들었다"[74]라고 울부짖은 것도 표피적 현상으로만 진화를 이해했기 때문이다.

진화의 진정한 모습은 '협력'과 '역할 분담'이다. 앞에서 살펴본 대로 우연성이 지배하는 진화 과정에서 발생한 중요한 전환 모두가 새로운 협력과 역할 분담의 창발을 보여준다. 구성원들의 상호작용으로부터 스스로 수준 높은 질서 체계를 조직하는 복잡계적 창발의 주요 사례. 이 창발들이 있었기 때문에 생태계가 매우 다양한 종들로 넘쳐나고 있다. 실로 장엄한 점이다.

---

74 1850년 영국 시인 앨프리드 테니슨이 절친한 친구의 죽음을 애도하며 지은 시 〈인 메모리엄〉의 일부다.

## 과학기술이 바꾼 생활 방식

지금까지 우리가 몸담고 사는 세계가 예측 가능하게 작동하는 기계 같은 것이 아니라 혼돈과 우연의 바다 위에 솟아난 질서 체계임을 살펴보았다. 장자의 말씀대로 다스려지는 것만 좋은 것으로 여기고 어지러움을 무시한다면 천지자연의 이치와 만물의 진실을 모르는 것이다. 그럼에도 인간은 오랫동안 혼돈과 우연성을 예외적인 것으로 무시하고, 질서를 관장하는 원리와 법칙을 찾는 데 전념해왔다. 물론 그 노력은 큰 성공을 거두었다. 이로써 인간은 언제나 세계를 예측할 수 있으며 뜻대로 지배함으로써 원하는 것은 무엇이든 얻어낼 수 있다고 믿게 되었다. 산업혁명을 이끈 석탄, 20세기 문명의 원동력인 전기와 석유, 그리고 대량생산 시스템과 기술로 이어진 과학 지식 때문에 삶의 방식이 근본적으로 변화했다. 특히 자본주의 체제가 자본가들의 잉여가치를 증대하기 위해 끊임없이 생산기술을 개발하는 데 주력함으로써 이제는 모두가 셀 수조차 없는 상품의 홍수 속에서 살고 있다. 물자가 귀하던 과거를 겪었던 노인들이 '이리 좋은 세상'이라고 자주 말씀하시는 이야기도 짧은 시간에 이룩한 변화가 실로 엄청났음을 보여준다.

## 인류가 초래한 대멸종 위기

하지만 우리는 지구 생태계와 기후 시스템이라는 복잡계의 순환적 질서의 바탕에 예측할 수 없는 우연과 무질서가 있는 것을 몰랐다. 스스로 질서를 조직하기도 하고 붕괴하기도 하는 복잡계에서는 인간도 매우 영향력 있는 구성 요소다. 그럼에도 불구하고 생태계의 질서 체계를 누구도 흔들 수 없다고 믿으며 마음껏 단물을 빨아온 결과 생태계가 임계점으로 질주하는 상황을 맞이했다. 지구 생태계에서 발현된 순환적 질서들이 인간이라는 단일 종의 활동으로 무너지기 시작했다.

지구의 오랜 역사에서 생태계는 여러 차례 대멸종을 겪었다. 가장 치명적인 멸종은 고생대 페름기 대멸종이다. 약 2억 5,000만 년 전에 일어난 이 멸종으로 생물종의 약 96퍼센트가 사라졌다. 당시 지구의 표면은 지금과 달리 모든 대륙이 하나로 붙어 초대륙 판게아$^{Pangaea}$를 이루고 있었다. 엄청난 대멸종의 원인은 지금의 시베리아 지역에서 화산이 대규모로 폭발하여 일으킨 온난화로 알려져 있다. 여러 연구에 의하면 화산 폭발은 초기에 이산화탄소 증가로 인한 온난화를 초래했지만 이것만으로 대멸종을 초래하기는 쉽지 않다고 한다. 화산 폭발에 의한 온난화는 해수의 온도를 급격히 높였고, 결국 시베리아 대륙붕에 녹아 있던 엄청난 양의 온실가스 메탄이 공기 중으로 분출했다. 메탄가스는 축사나 농경지 등에서 유기물이 배출하는 기체다. 온난화에 기여하는 정도가 이산화탄소보다 2~30배 강하다. 폭발적으로 분출된 메탄은 지구를 훨씬 뜨겁게 만들었고, 이후 산소와 격렬하게 반응하여 지구 대기 중 산소 농도가 10퍼센트 수준으로 감소했다고 한다. 결국 이산화탄소 증가 → 메탄 분출 → 산소 농도 감소로 이어지는 흐름 속에서 96퍼센트의 종이 멸종했다.

또 하나 관심을 끄는 사건은 약 6,600만 년 전 중생대 백악기 말의 대멸종이다. 당시 생물종의 75퍼센트 이상이 사라졌고, 특히 지구를 지배하던 파충류 공룡이 전멸했다. 멸종 원인은 지금의 멕시코 유카탄반도에 어머어마한 크기의 칙술루브 충돌구를 남긴 운석이 충돌했기 때문이라고 알려져 있다. 최근 연구에 의하면 운석 충돌은 멸종의 방아쇠를 당겼을 뿐 이미 그전에 생태계의 건강이 좋지 않았고 특히 공룡의 '종 다양성'이 감소한 상태였다고 한다. 다양성은 생태계 유지를 위한 결정적 조건이다. 다양성이 감소하면 외부의 충격으로 급속히 대멸종에 이를 수 있다.[75] 부실한 생태계에 느닷없이 운석이 떨어짐으로써 대멸종을 피할 수 없었던 것이다.

지금의 지구는 어떠한가? 21세기 초에 대기과학자 파울 크뤼천 (1933~2021)이 지금 우리는 홀로세가 아닌 인류세$^{anthropocene}$[76]에 살고 있다고 주장할 정도로 인간은 자연에 큰 영향을 미치는 유일한 종이 되었다. 특히 산업화 이후 지난 100여 년간 인간은 지구를 데우는 온실가스를 배출하면서 지구의 평균기온을 1도 이상 높였다. 지구 생태계가 지난 수백만 년 동안 겪어보지 못한 매우 급격한 변화다. 마지막 빙하기로부터 온난한 지구가 되는 과정에서 1만 년 동안 4도 정도가

75 F. L. Condamine et al. "Dinosaur biodiversity declined well before the asteroid impact, influenced by ecological and environmental pressures", *Nature Communications*, 12, 3833 (2021).
76 Paul J. Crutzen, "Geology of Mankind", *Nature*, 415, 23 (2002).

상승한 것에 비해 무려 25배나 빠르다. 생태계에 깃들여 사는 수많은 생명이 적응하기 어려운 속도다. 기후 체계에 일어날 이러한 교란은 복잡계에 나비효과를 일으키기에 충분하다.

　기후변화에 대한 정부 간 패널^IPCC이라는 단체가 있다. IPCC는 기후변화가 일으키는 전 지구적 위험을 평가하고 대책을 마련하기 위해 설립된 유엔 산하 협의체로 2007년에 노벨 평화상을 수상했다. IPCC가 최근 내놓은 6차 보고서[77]에 따르면 임계점[78]으로 알려진 산업화 이후의 1.5도 상승 이후, 이 상태를 유지하더라도 전례 없는 극한의 기후가 반복될 상황이다. 현재 각국 정부의 온실가스 감축 목표를 종합하면 온도가 3도가량 높아질 것이다. 실제로 3도가 상승하면 1.5도 상승에 비해 4배 이상의 극한 기후가 반복될 것이다. 이 정도 상황에서는 인류를 비롯한 상당수 생물종이 멸종을 맞이할 수 있다.

　심각한 점은 평균기온이 임계점을 넘어설 때 복잡계에서 전형적인 양의 되먹임^positive feedback 현상이 나타날 수 있다는 것이다.[79] 기온이 오르면 빙하가 녹아 줄어들고 이에 따라 햇빛 반사율이 감소하며, 이 현상이 다시 기온을 높이는 악순환이 발생한다. 또 곳곳에 가뭄이 발생하여 산불이 확산하면 이산화탄소 농도가 증가하므로 기온 상승이라는 악순환을 막을 수 없다. 어느 순간이 되면 인간이 온실가스 배출을 멈추더라도 자동 기계처럼 온도가 치솟을 것이다. 과학자들은 현재 상

---

**77** IPCC의 6차 보고서는 https://www.ipcc.ch/report/sixth-assessment-report-cycle에서 볼 수 있다.

**78** 기후 시스템의 균형이 깨져 작은 변화로도 회복할 수 없는 피해가 발생하는 온도를 의미하는 '티핑포인트^tipping point'란 용어를 쓰기도 한다.

**79** 조천호 《파란 하늘 빨간 지구》(동아시아, 2019), KBS 다큐인사이트 〈붉은 지구〉 1부(2019).

맺음말

황이 96퍼센트의 종을 멸종시킨 페름기 대멸종과 크게 다르지 않다고 본다. 정확히 언제가 될지는 알 수 없으나 이 상태를 유지하면 페름기와 비슷한 멸종이 일어날 것이라는 의미다.

현재의 온난화 때문에 순식간에 인간이 지구에서 사라지는 것은 아니다. 세계 곳곳의 폭염, 한파, 홍수, 가뭄, 산불, 강력한 태풍 등으로 많은 사람이 위험에 노출되며 죽어갈 것이다. 또한 해수면 상승으로 남태평양 투발루섬 주민들처럼 죄 없는 사람들이 삶의 터전을 잃고 난민으로 세계를 떠돌고, 식량 부족으로 수많은 사람이 굶주릴 것이다. 특히 식량 대부분을 해외에 의존하는 우리나라가 식량난을 겪고, 식량을 구입할 돈이 없는 사람들이 난민으로 전락할 수도 있다.

건강을 잃은 생태계는 어떤 기술적 방법으로도 회복할 수 없다. 거대한 순환 질서가 붕괴하는 상황에서는 부분적 조치만으로 망가진 전체 시스템을 바꿀 수 없기 때문이다. 지금 대멸종을 막을 수 있는 유일한 방법은 당장 온실가스 배출을 멈추는 것이다. 온난화의 직접적 원인이 바로 온실가스이기 때문이다. 개개인의 실천만으로는 한계가 있으므로 국가적으로 화석연료에 의존하는 산업 시스템을 탄소 중립 시스템으로 전환해야 한다. 전환을 위해서는 뼈를 깎는 고통이 뒤따를 것이다. 특히 재생에너지 비율이 OECD 국가 중 꼴찌를 기록하고 있는 우리나라의 상황은 암담하다. 그러나 중병에 걸린 사람은 어떤 고통이 있더라도 치료에 매달리기 마련이다. 치료가 빠를수록 고통을 줄일 수 있고 회복도 빨라진다. 산업사회 역시 고통스럽더라도 최대한 빨리 전환을 서두르지 않으면 감당할 수 없는 상황이 벌어질 것이다.

문제는 모든 선진국이 절체절명의 위기에도 불구하고 온실가스를 감축하겠다는 약속을 지키지 않는다는 것이다. 현재까지 제시한 양보다 훨씬 많이 감축해야 1.5도 상승에서 멈출 수 있지만, 실제 감축량은 오히려 제시한 양보다도 적을 것이라는 예상이 지배적이다. 소행성이 지구에 떨어질 것이라는 과학자들의 예측을 믿지 않고 외면하는 대통령이나 언론의 행태를 꼬집은 영화 〈돈 룩 업Don't Look Up〉을 떠올리게 한다. 결국 온난화는 많은 생물을 멸종으로 몰아넣고, 인간 중에서도 변화에 취약한 사람들부터 사라져갈 것이다. 인간은 자연에 너무나 큰 영향력을 미치는 구성원이다. 자연을 우리와 구별하며 환경이라 부르고 욕심을 채우기 위해 착취해온 대가는 너무나 크고 비참할 것이다. 조직화한 자연 질서를 순식간에 무너뜨릴 수 있다고 인식하지 못한 인류의 무지가 낳은 비극이다.

## 민주주의가 중요하다

우리를 둘러싼 또 하나의 중요한 복잡계는 우리가 조직한 사회다. 우리는 지구 생태계의 중요한 구성원이자 사회의 구성원이며 행위주체다. 생태계처럼 매우 복잡한 비선형적 상호작용으로 사회에서도 역동적 현상이 출현하고 사라진다. 사회조직은 어디에나 있지만 자연조건이나 문화적 차이에 따라 형태가 매우 다양하다. 그중에서도 우리나라를 비롯한 대다수 국가들은 민주주의 체제를 택하고 있다. 우리나라 헌법에도 명시되어 있듯이 민주주의는 모든 권력이 국민으로부터 나오는 정치 형태다.

국민 한 사람 한 사람이 나라의 주인이며 권력자이기 때문에 민주주의는 언제나 서로 다른 생각과 의견이 부딪쳐 혼란스러우면서도 다양한 논쟁과 다툼을 통해 타협을 이끌어내고 사회질서를 유지하며 시대 변화에 따라 수정, 보완할 수 있는 수준 높은 시스템이다. 다양성을 바탕으로 질서가 유지된다. 어지러움을 근본으로 하여 다스려짐이 가능한 체제가 민주주의다. 그런 점에서 민주주의 시스템도 중요한 복잡계이며 자연과 닮았다.

한국 사회는 20세기 초 일제에 나라를 잃은 뒤 어렵사리 독립했지만 일제 강점기에 호의호식하던 친일파 세력이 해방 후에도 기득권을 유지하고, 원치 않은 전쟁으로 수많은 사람이 희생된 아픈 현대사를 겪었다. 그것도 모자라 1960년 4·19혁명을 총칼로 누르고 집권한 군부 세력이 무려 18년간 서슬 퍼런 독재정권을 유지했다. 독재자 박정희가 최측근에게 살해당한 뒤에도 쿠데타를 감행한 전두환을 비롯한 정치군인들이 또다시 7년 동안 집권했고, 1987년에 이르러서야 다시 직선제로 대통령을 선출할 수 있었다. 독재자 비판은 허용되지 않았다. 독재자는 자신을 반대하는 모든 세력과 비판적 언론을 탄압하고 숙청하였으며 국가 전체를 획일화했다. 다양한 사상과 논쟁이 사라지고 사회가 경직되었다.

우리 모두는 행복하지 못했다. 민주주의를 쟁취하기 위해 많은 사람이 피를 흘렸다. 북한과 대치하는 상황에서 많은 지식인이 북한과 내통한 간첩으로 몰려 사형당하기도 했으며 지성의 전당인 대학은 학문의 자유를 누릴 수 없었다. 그 이후 많은 사람의 피와 땀으로 이제 우리나라는 겉모습으로라도 정권을 평화적으로 교체하고 사상과 이념의 자유를 허용하는 선진 민주주의를 이룩한 나라가 되었다. 최고 권력자에 따라 오르락내리락하는 것도 사실이지만 민주주의를 향한 거대한 물결을 거스를 수는 없다. 설령 힘으로 국민을 제압하던 과거로 되돌리려 하더라도 즉각 권력자인 국민의 저항에 부딪칠 것이다.

그러나 우리나라의 민주주의 수준은 아직 낮은 단계에 머물러 있다. 진정한 민주주의를 완성하기 위해서는 어떤 변화가 필요할까? 민주주의의 핵심은 다양한 생각과 이념의 공존이지만 그 안에 질서가 존재해야 한다. 생각이 서로 다른 집단들이 공론장에서 치열하게 다투되 공정하게 정해진 룰이 반드시 필요하다. 상대를 존중하고 타협하기 위한 노력도 필수적이다. 공정한 공론장을 마련하여 의견을 모으고 이를 반영하여 실행하는 것은 국민을 대표하는 국회의 몫이다. 그러나 많은 국회의원이 권력을 이용하여 이권을 챙기고 최고 권력자에게 무비판적으로 충성하는 하수인으로 전락했다. 언론의 역할도 무척 중요하지만 우리나라의 다수 언론은 권력자 못지않은 기득권 세력이 되어 버렸다. 스스로 여론을 조장하고 정치에 개입하거나, 진실에 접근하기보다 자신의 기득권을 지키려는 모습이 만연해 있다.

민주주의를 유지하기 위해서는 질서 체계 안에서도 다양성을 허용해야 한다. 우리 사회의 많은 영역이 명령하고 지시하는 상하 관계로 이루어져 있다. 사회를 운영하기 위해서는 어쩔 수 없이 조직 체계를 만들어야 하고 역할에 따라 위계질서가 생길 수밖에 없지만, 일방적

맺음말

229

인 수직적 명령 체계로는 결코 건강한 사회를 유지할 수 없다. 위계에 관계없이 다양한 의견을 쌍방향으로 나누고 충분히 논의하여 합의할 수 있을 때 합의의 강도가 가장 강해진다.[80]

서양에 비해 매우 짧은 우리나라의 민주주의 역사는 울퉁불퉁하게 변화하는 과정을 겪었다. 생명의 진화에서 살펴보았듯이 역사는 이처럼 앞으로 나아가는 듯하다가 후퇴하기도 한다. 앞으로 나아가든 뒤로 후퇴하든 이 책에서 확인한 자연의 참모습을 사회가 본받도록 노력하는 것이 진정 우리가 해야 할 일이다.

노자《도덕경》25장에 다음과 같은 말이 있다.

> 인간은 땅을 본받고, 땅은 하늘을 본받고, 하늘은 도를 본받고, 도는 자연을 본받는다.[81]

이제 마무리할 때가 되었다. 인간이 혼돈과 질서가 어우러진 자연을 닮은 존재라는 사실을 우리는 오랫동안 망각해왔다. 현대 과학은 그 중요한 사실을 우리에게 일깨워주고 있다. 나의 육체를 이루는 물질들은 현재 나라는 일시적 질서 체계에 속해 있지만, 내가 죽음을 맞으면 해체되어 무질서의 영역으로 돌아간다. 이후에는 다른 곳에서 조직된 다른 형태의 질서 체계에 다시 포함되어 유사한 과정을 반복할 수 있다. 영구불변하는 질서는 존재하지 않으며, 역동적으로 변하

---

80  김범준,《세상 물정의 물리학》(동아시아, 2015).

81  人法地, 地法天, 天法道, 道法自然.

는 과정에서 조직화한 질서만 있을 뿐이다. 우리를 이루는 세포도, 세포들이 모인 우리 자신도, 개개인이 참여하는 사회도, 우리의 터전인 지구도, 밤하늘을 수놓는 많은 별도 수명이 유한한 질서 체계다. 이 모두를 합한 것이 자연, 곧 우주다.

우리는 자연을 닮았기에 노자의 말씀대로 자연을 본받아야 한다. 자연의 질서는 많은 구성 요소의 관계로부터 조직화한다. 이 사실을 부정하며 계속 자연을 타자화하고 지배의 대상으로 대한다면 우리 모두는 파멸에 이를 것이다. 변하지 않는 완전한 세계를 찾으려는 노력이 아니라 혼돈과 질서가 어우러지며 변화를 거듭하는 세계에서 우리에게 주어진 시간 동안 모두가 잘 살 수 있는 현실을 만들려는 노력이 절실한 시대다. 내가 깃들여 사는 이 세계가 곧 나의 터전이요 진정 아름다운 곳이다.

맺음말

첫 저서《시민의 물리학》을 낸 지도 다섯 해가 흘렀다. 어렵고 딱딱한 물리학을 시민들의 눈높이에 맞게 소개하여 좀 더 친숙하게 다가갈 수 있도록 돕고자 했다.

그 성과가 어느 정도인지에 대한 평가와 별개로 다음 저서에서는 우리가 일상에서 접하는 삶의 영역에 대해 이야기하고 싶었다. 미시적 소립자의 세계로부터 거대한 천체의 세계에 이르는 질서 체계를 물리학을 통해 깊이 이해하게 된 것을 고무적으로 생각하며 앞으로도 연구를 지속해야 할 것이다. 그러나 다른 한편으로 우리 삶 가까이에서, 또한 우리 안에서 언제나 일어나는 많은 일을 살펴봄으로써 삶에서 실존적으로 마주치는 문제들을 생각한 결과가《혼돈의 물리학》이다. 굳이 제목에 '물리학'을 또 포함시킨 이유는, 부족함이 있을지라도 대체로 물리학자의 관점에서 다양한 주제들을 이야기하며 접근하려 했기 때문이다.

집필하는 과정에서 물리학을 포함한 과학이 단순 질서 체계를 넘어 혼돈, 불확실성, 우연으로 넘쳐나는 우리 삶의 현실을 더 잘 이해하게 해줄 뿐만 아니라 더 나은 방향으로 나아가는 데 기여할 것이라는 신념이 필요했다. 이 신념은 20년이 넘는 동안 몸담은 대안교육의 장에서 얻은 것이다.

우리나라 최초의 대안대학 '녹색대학교'(현재 '온배움터'), 그리고 내가 학장으로 참여하고 있는 '대안대학 지순협'이라는 공간을 돌이켜보면, 시련 속에서 상처를 입기도 했지만 삶과 학문이 어떻게 만나야 하느냐는 의미 있는 고민을 할 수 있었던 소중한 곳이기도 하다. 그 안에서 함께했고 현재도 어려운 상황을 마다하지 않고 열정을 다하는 모든 분에게 깊은 감사를 전한다. 지난번에도 그랬듯이 그들과 나눈 경험이 이 책의 소중한 밑거름이 되었다. 또한 새로운 모습으로 거듭나고자 모색하고 있는 두 공간이 우리 사회에서 중요한 대안 현장으로 자리 잡기를 바란다.

최근 만난 중등 대안학교 '더불어가는 배움터길' 식구들과, 강의에서 만나는 서울시립대학교 학생들에게도, 공부의 자극제가 되고 즐겁게 서울을 오가게 해준 것에 대한 고마움을 전하고 싶다.

오래전부터 《자본론》과 《정치경제학 비판요강》 강독회를 열어 맑스를 더 깊이 공부할 기회를 주시는 강내희 선생님, 그리고 여러 곳에 드러난 오류와 무지에 대해 세밀하고도 정확히 조언하여 부족함을 메워주신 심광현 선생님, 장회익 선생님, 김범준 선생님, 박인규 선생님께 감사드리며, 앞으로도 계속 소중한 배움을 청하고자 한다.

지순협 초창기의 세미나에서 인연을 맺은 후 두 차례나 출간의 기쁨과 고통을 맛볼 수 있게 이끌어준 플루토 박남주 대표님과 더불어 책 출간을 위해 정성을 다해주신 편집진 여러분께 감사드린다.

공부를 업으로 하는 사람에게도 소소한 일상의 즐거움은 중요한 일이고, 그로부터 큰 힘과 용기를 얻는다. 특히 요즘처럼 훈훈하고 희망적인 소식을 듣기 힘든 시대에 잠시 빠듯한 삶에서 벗어나 부담 없는 만남을 허락해주셨을 뿐 아니라 다른 세상을 볼 수 있게 해주신 많은 분께도 고마움을 전하고 싶다.

첫 책을 낼 때에 비해 많이 쇠약해지신 부모님께 이 책이 조금이라도 위안이 되기를 바라며, 어려운 시대에 건강하게 잘 자라준 두 아들, 그리고 늘 내 곁을 지키며 응원의 말을 건네주는 가장 소중한 동반자이자 동료인 아내에게 감사하며 이 책을 드린다.

봄기운이 완연한

함양의 농촌 마을에서


유상균 씀

## 참고할 만한 책들
----------

**머리말**

존 그리빈, 《과학》, 강윤재, 김옥진 옮김, 들녘, 2004.

프리드리히 니체, 《비극의 탄생/즐거운 지식》, 곽복록 옮김, 동서문화동판, 2016.

질 들뢰즈, 《차이와 반복》, 김상환 옮김, 민음사, 2004.

요하임 E. 배렌트, 《재즈북》, 한종현 옮김, 자음과모음, 2007.

지그문트 프로이트, 《꿈의 해석》, 이환 옮김, 돋을새김, 2014.


**1장 · 유리수와 무리수**

레베카 골드스타인, 《불완전성》, 고중숙 옮김, 승산, 2007.

김민형, 《수학이 필요한 순간》, 인플루엔셜, 2018.

토비아스 단치히, 《수, 과학의 언어》, 권혜승 옮김, 한승, 2008.

박경미, 《수학 콘서트 플러스》, 동아시아, 2013.

야마오카 에쓰로, 《거짓말쟁이의 역설》, 안소현 옮김, 영림카디널, 2004.

이진경, 《수학의 몽상》, 푸른숲, 2000.


**2장 · 양자역학 – 새로운 물결**

루이자 길더, 《얽힘의 시대》, 노태복 옮김, 부키, 2012.

리언 레더만, 크리스토퍼 힐, 《시인을 위한 양자물리학》, 전대호 옮김, 승산, 2013.

애덤 베커, 《실재란 무엇인가》, 황혁기 옮김, 승산, 2022.

레오나드 쉴레인, 《미술과 물리의 만남 2》, 김진엽 옮김, 도서출판국제, 1995.

장회익, 《양자역학을 어떻게 이해할까?》, 한울, 2022.

장회익, 《장회익의 자연철학 강의》, 추수밭, 2019.

장회익 외 8인, 《양자, 정보, 생명》, 한울, 2015.

프리초프 카프라, 《현대물리학과 동양 사상》, 김용정, 이성범 옮김, 범양사, 2006.

만지트 쿠마르, 《양자혁명》, 이덕환 옮김, 까치, 2014.

J. S. Bell, *Speakable and Unspeakable in Quantum Mechanics*, Cambridge Univ. Press, 2004.

Roland Omnes, Arturo Sangalli, *Quantum Philosophy*, Princeton Univ. Press, 2002.

Roland Omnes, *The Interpretation of Quantum Mechanics*, Princeton Univ. Press, 1994.


## 3장 · 카오스와 코스모스

제임스 글릭, 《카오스》, 박배식, 성하운 옮김, 동문사, 1993.

심광현, 《프랙탈》, 현실문화연구, 2005.

심광현, 《흥한민국》, 현실문화연구, 2005.

코지마 히로유키, 《수학으로 생각한다》, 박지현 옮김, 동아시아, 2008.

E. Lorenz, *The Essence of Chaos*, Univ. of Washington Press, 1995.

Robert C. Hilborn, *Chaos and Nonlinear Dynamics*, Oxford Univ. Press, 1994.

Benoit B. Mandelbrot, *The Fractal Geometry of Nature*, Echo Point Books & Media, LLC, 2021.


## 4장 · 데모크리토스와 에피쿠로스

사이토 고헤이, 《마르크스의 생태사회주의》, 추선영 옮김, 두번째테제, 2020.

존 그리빈, 《딥 심플리시티》, 김영태 옮김, 한승, 2006. John Gribbin, *Deep Simplicity: Bringing Order to Chaos and Complexity*, Random House Inc., 2005.

김범준, 《관계의 과학》, 동아시아, 2019.

김범준, 《복잡한 세상을 이해하는 김범준의 과학상자》, 동아시아, 2015.

루크레티우스, 《사물의 본성에 관하여》, 강대진 옮김, 아카넷, 2012.

카를 맑스, 《데모크리토스와 에피쿠로스 자연철학의 차이: 마르크스 박사 학위논문》, 고병권 옮김, 그린비, 2001.

카를 맑스, 《자본론 1 상·하, 2, 3 상·하》, 김수행 옮김, 비봉출판사, 2015.

콘스탄틴 J. 밤바카스, 《철학의 탄생》, 이재영 옮김, 알마, 2012.

심광현, 《맑스와 마음의 정치학》, 문화과학사, 2014.

심광현, 유진화, 《인간혁명에서 사회혁명까지》, 희망읽기, 2020.

루이 알튀세르, 《철학과 마르크스 주의》, 서관모, 백승욱 편역, 중원문화, 1996.

에리히 얀치, 《자기조직하는 우주》, 홍동선 옮김, 범양사, 1989.

윤영수, 채승병, 《복잡계 개론》, 삼성경제연구소, 2005.

미첼 월드롭, 《카오스에서 인공생명으로》, 김기식, 박형규 옮김, 범양사, 2006.

닐 존슨, 《복잡한 세계 숨겨진 패턴》, 한국복잡계학회 옮김, 바다출판사, 2015.

스튜어트 카우프만, 《무질서가 만든 질서》, 김희봉 옮김, 알에이치코리아, 2021.

스튜어트 카우프만, 《혼돈의 가장자리》, 사이언스북스, 2002.

존 벨라미 포스터, 《마르크스의 생태학》, 김민정, 황정규 옮김, 인간사랑, 2016.

일리야 프리고진, 이사벨 스텐저스, 《혼돈으로부터의 질서》, 신국조 옮김, 자유아카데미, 2011.

Ilya Prigogine, Isabell Stengers, *Order Out of Chaos*, Verso Books, 2018.

더글러스 호프스태터, 《괴델, 에셔, 바흐 상·하》, 박여성 옮김, 까치, 1999.

Paul Burkett, *Marxism and Ecological Economics*, Haymarket Books, 2009.

**5장·생명**

김용옥, 《동경대전 1·2》, 통나무, 2021.

폴 너스, 《생명이란 무엇인가》, 이한음 옮김, 까치, 2021.

제임스 러브록, 《가이아: 살아 있는 생명체로서의 지구》, 홍욱희 옮김, 갈라파고스, 2004.

린 마굴리스, 도리언 세이건, 《생명이란 무엇인가》, 김영 옮김, 리수, 2015.

움베르토 마투라나, 프란시스코 바렐라, 《앎의 나무》, 최호영 옮김, 갈무리, 2007.

배병삼, 《논어, 사람의 길을 열다》, 사계절, 2005.

박문호, 《박문호 박사의 뇌과학공부》, 김영사, 2017.

박영호, 《노자》, 두레, 1998.

에르빈 슈뢰딩거, 《생명이란 무엇인가》, 전대호 옮김, 궁리, 2007.

짐 알칼릴리, 존조 맥패든, 《생명, 경계에 서다》, 김정은 옮김, 글항아리사이언스, 2017.

제럴드 에덜먼, 《뇌는 하늘보다 넓다》, 김한영 옮김, 해나무, 2006.

제럴드 에덜먼, 《신경과학과 마음의 세계》, 황희숙 옮김, 범양사, 2006.

제프리 웨스트, 《스케일》, 이한음 옮김, 김영사, 2018.

로돌프 R. 이나스, 《꿈꾸는 기계의 진화》, 김미선 옮김, 북센스, 2019.

장회익, 《생명을 어떻게 이해할까?》, 한울, 2014.

제이 팰런, 《생명이란 무엇인가》, 남상윤 옮김, 월드사이언스, 2016.

로저 펜로즈 외 15인, 《생명이란 무엇인가? 그 후 50년》, 이한음, 이상헌 옮김, 지호, 2003.

표영삼, 《동학 1·2》, 통나무, 2004

알프레드 노스 화이트헤드, 《이성의 기능》, 김용옥 옮김, 통나무, 1998.

### 6장 · 진화

스티븐 J. 굴드, 《다윈 이후》, 홍욱희, 홍동선 옮김, 사이언스북스, 2009.

존 그리빈, 메리 그리빈, 《진화의 오리진》, 권루시안 옮김, 진선북스, 2021.

찰스 로버트 다윈, 《인간의 기원 1·2》, 추한호 옮김, 동서문화사, 2018.

찰스 로버트 다윈, 《종의 기원》, 장대익 옮김, 사이언스북스, 2019. Charles Darwin, *On the Origin of Species*, Penguin Classics, 2009.

매트 리들리, 《붉은 여왕》, 김윤택 옮김, 김영사, 2006.

에른스트 마이어, 《진화란 무엇인가》, 임지원 옮김, 사이언스북스, 2008.

존 메이너드 스미스, 《40억 년간의 시나리오》, 한국동물분류학회 옮김, 전파과학사, 2001.

칼 짐머, 《진화 : 모든 것을 설명하는 생명의 언어》, 이창희 옮김, 웅진지식하우스, 2018.

션 B. 캐럴, 《이보디보: 생명의 블랙박스를 열다》, 김명남 옮김, 지호, 2005.

John Maynard Smith, Eöors Szathmãry, *The Origins of Life*, Oxford Univ. Press, 2000.

### 맺음말

김범준, 《세상 물정의 물리학》, 동아시아, 2015.

E. F. 슈마허, 《작은 것이 아름답다》, 이상호 옮김, 문예출판사, 2022.

조천호, 《파란 하늘 빨간 지구》, 동아시아, 2019.

레이첼 카슨, 《침묵의 봄》, 김은령 옮김, 에코리브로, 2011.

프리초프 카프라, 《새로운 과학과 문명의 전환》, 이성범, 구윤서 옮김, 범양사, 2007.

나오미 클라인, 《미래는 불타고 있다》, 이순희 옮김, 열린책들, 2021.

참고할 만한 책들

무질서와 불확실성, 우연으로 가득 찬 우주를 읽는 법

**혼돈의 물리학**

**1판 1쇄 인쇄** 2023년 4월 10일
**1판 1쇄 발행** 2023년 4월 17일

| | |
|---|---|
| **지은이** | 유상균 |
| **펴낸이** | 박남주 |
| **편집자** | 박지연·강진홍 |
| **디자인** | 책은우주다 |
| **펴낸곳** | 플루토 |
| **출판등록** | 2014년 9월 11일 제2014-61호 |
| **주소** | 10881 경기도 파주시 문발로 119 모퉁이돌 3층 304호 |
| **전화** | 070-4234-5134 |
| **팩스** | 0303-3441-5134 |
| **전자우편** | theplutobooker@gmail.com |
| **ISBN** | 979-11-88569-44-1 03420 |